Processing
创意编程指南

杜炜◎著

C R E A T I V E   C O D I N G

U0215072

清华大学出版社
北京

内 容 简 介

本书是一本从基础逐步深入Processing体系的书籍，以简洁的语言引导读者了解和学习每一个关键知识点。本书完全以初学者学习历程中遇到的各类问题为核心，抛出疑问再深入解析，是自学Processing创意编程基础的首选书籍。本书尽量避免晦涩难懂的语言描述概念性内容，由浅入深、环环紧扣、前后呼应，为初学者进阶为高手奠定基础。通过学习本书，不仅能够轻松掌握Processing的理论知识以及大量的实例经验，更重要的是能够掌握一种从创意到实现的好方法，将设计思路转变为作品。

本书共分为14章，第1章介绍打印输出的print、println函数与数据类型和变量类型；第2章介绍图形的内建函数；第3章介绍颜色的内建函数；第4章介绍分支语句；第5章介绍键盘、鼠标互动的相关内容；第6章介绍变换；第7章介绍循环语句；第8章介绍数组；第9章介绍自定义函数；第10章介绍类与对象；第11章介绍抽象类与接口；第12章介绍类的继承与多态；第13章介绍如何在项目中处理意外错误；第14章介绍Processing与Arduino的互动。

本书面向对象是任何无编程基础的艺术家、设计师、建筑师、研究员、爱好者、艺术设计及相关专业的学生。

图书在版编目（CIP）数据

Processing创意编程指南 / 杜炜著. —北京：清华大学出版社，2021.1
ISBN 978-7-302-56899-5

Ⅰ. ①P… Ⅱ. ①杜… Ⅲ. ①程序设计－指南 Ⅳ. ①TP311.1-62

中国版本图书馆 CIP 数据核字(2020) 第 226846 号

责任编辑：栾大成
封面设计：杨玉兰
责任校对：徐俊伟
责任印制：丛怀宇

出版发行：清华大学出版社
   网　　　址：http://www.tup.com.cn，http://www.wqbook.com
   地　　　址：北京清华大学学研大厦 A 座   邮　　编：100084
   社 总 机：010-62770175   邮　　购：010-83470235
   投稿与读者服务：010-62776969，c-service@tup.tsinghua.edu.cn
   质 量 反 馈：010-62772015，zhiliang@tup.tsinghua.edu.cn
印 装 者：涿州汇美亿浓印刷有限公司
经　　销：全国新华书店
开　　本：170mm×240mm 印　　张：16.25 字　　数：357 千字
版　　次：2021 年 1 月第 1 版 印　　次：2021 年 1 月第 1 次印刷
定　　价：89.00 元

产品编号：089824-01

序一

《Processing创意编程指南》是一本创意编程爱好者必备的入门工具书，细致地介绍了Processing各部分的基础知识，内容生动有趣，讲解既简洁又全面，实践指导性强。

早在十多年前，国内就陆陆续续出版过相关的创意编程书籍，但是由于时代的发展，书中部分内容略有滞后。《Processing创意编程指南》顺应时代潮流，由清华大学出版社组织出版，精心设计印刷，力求为读者奉献一部适应时代的佳作。相信本书会对职业与非职业的艺术家以及学生都会有极高的参考价值。

杜炜老师对创意编程的研究充满趣味性，他深耕创意编程领域多年，其专业水平炉火纯青。本书的编程理念和教学内容既生动又有效果，所编写的案例在充满专业性的基础上又深含了趣味性，打破了人们对编程刻板、枯燥的印象。为本学科提供了一部真正新颖的作品。本书的编程内容从设计的角度研究程序的编写，这也正是创意编程的精髓。

《Processing创意编程指南》共分为14章，总结了Processing创意编程软件的常见操作。本书内容高屋建瓴、深入浅出，结合一些生动有趣的例子，既提起了初学者的兴趣，也寓教于乐。

《Processing创意编程指南》是一部基于Java语言模式编写的作品，对初学者容易上手的同时也有利于培养初学者的编程思维。无论作为创意编程的教材，还是作为兴趣爱好者的读本，对当代读者，特别是设计学相关专业的大学生和从事创意编程研究的学者都将产生积极的影响。不同的人读《Processing创意编程指南》会有不同的收获，而且往往还会有意外的收获。

徐迎庆

清华大学美术学院信息设计艺术系主任

序二

  Processing是当代交互设计师、数字媒体艺术家必修的基础知识，与其说Processing是一个基于Java语言的交互设计平台，不如说它是一门独特的数字生成艺术。然而要掌握这门生成艺术，面临的设计对象不仅是那些单纯的图案，还需要面临函数与逻辑这些科学知识，图形与算法结合所产生出的精确并混沌的动态图形是这一门生成艺术的美妙之处。杜炜老师作为中国当代一线的交互设计师，深入浅出地介绍了Processing的原理、特征以及具体的应用，不同于其他交互设计师，杜炜老师同时也是一名高校教师，这也就意味着相较于其他一线设计师，杜老师更懂得在设计教育中如何更为有效地激发学生的兴趣和潜力。

  更进一步来说，在这个知识爆炸的年代，编程语言对于大众来说早已不再是触不可及之物，杜炜老师编写的《Processing创意编程指南》不仅是那些立志于从事数字媒体艺术、交互设计的学子们的入门教程，并且为那些对该领域感兴趣的设计师、建筑师、研究员也提供了最为便捷的学习路径。

  在这里再一次感谢杜炜老师为所有人付出的一切，也希望交互设计在"中国智造"的时代语境下发挥出更大的作用。

曹凯中

中国传媒大学

序三

你相信吗？科技与艺术之间有一个奇妙的血缘，当科技发展到新的阶段，就会伴随新的艺术形式。在计算机科技发展不算长的旅程里，能让人记忆深刻的产品都是那些科技与艺术达到平衡的、融合的，并且融合得越好使用的人越多，而没有融合好的都成为了历史的尘埃。

2001年，Processing与这个世界相遇，到今天已经收获了百万级的用户，这是它的幸运。一直都说，当一个开源语言完成之后，它就已经不再属于一个人了，它将属于所有社区里面的所有人——融入他们忙碌的工作与学习中的各种灵感和创意。

在听闻杜炜老师编写《Processing创意编程指南》之时，回头再看Processing中文教程之匮乏，总想让普天之下学子可以尽快拥有此书，但转念又觉得好书值得等待，幸运的是现在正看着这本书。书内凝聚了杜老师在科技艺术领域十多年教学经验的第一手资料。近些年Processing在全球发生了很多变化，Processing从原先的1.0版本升级到了3.0版本，"Processing社区日"在全球超过10个国家和地区展开，Processing基金会主席丹尼尔·希夫曼教授在YouTube上的频道订阅人数突破100万，以及全球设计领域QS排名前10的设计学院，如皇家艺术学院、伦敦艺术学院、帕森斯设计学院、纽约大学ITP，布拉特设计学院等都有长期开设的Processing创意编程课程，国内艺术和设计专业也陆续开始传授Processing创意编程语言。Processing俨然是设计师首选的创意编程工具。

杜老师还是一位跨领域鬼才。他自幼学习相声，大学研修电子音乐制作和音乐设计，还曾在天津电视台工作过，参与过多次春晚项目。因为这样的丰富跨界经历，十多年的历练，也奠定了本书在艺术与科技方面的融合性。

很高兴你能够选择这本书，愿你能建设更好的未来！

程　鹏
OF COURSE科技艺术教育中心创始人
上海视觉艺术学院客座教授
帕森斯设计学院客座教授
湖北省数字光影实验室客座专家

前言

Processing对创意编程或艺术设计方向的初学者来说，是一个最友好、最容易上手的软件，虽然它诞生至今已有十多年，但在主流的交互设计平台中，依旧位于第一梯队，纵观国内外开设了设计学及相关专业的高校，都已将Processing纳入了教学体系。

Processing最初是基于Java语言建立的创意编程平台，随着需求的不断变化，它开始融入了更多的语言模式，如Python、JavaScript、REPL、Android等。这仅仅是为了满足更多不同背景和不同编程语言的学习者能够快速地接触和了解这个软件并开始项目创作。作为初学者的你，Java语言模式是一个非常不错的选择，但如果你拥有上述编程语言的基础，当然，选择你擅长的语言就可以了。记住，编程语言仅仅是一个工具，并非全部。

在近几年的本科教学过程中，每每要教授这门课程的时候，总会听到有同学发出惊愕的声音，类似"我数学不好，学不会怎么办？""我英语不好，学不会怎么办？"在这里我需要说明一点，即便你是没有任何编程基础、数学不好而且英语也不好的初学者，没有关系，不需要担心，本书会从零开始，深入浅出，循序渐进地教授给你在交互设计的编程过程中涉及的所有的有关Processing的知识。只要你有恒心、有毅力，跟随本书的内容一步步学习，就会发现用代码实现一些艺术创作或者互动项目也不过如此，你面前的大山将不复存在。

本书将以Java语言模式为基础进行讲解。建议在学习的同时，可以在计算机上实践每章的示例程序，改变参数，运行出自己的效果。

本书内容

本书一共分为14章，归纳如下：

第1章介绍了打印输出的print、println函数与数据类型和变量类型。本章进度完成后，你将学习到声明、定义变量的语法构成与规范，以及信息输出等内容。

第2章介绍了图形的内建函数。本章进度完成后，你将会学到Processing中图形的相关知识，包括椭圆、方形、三角形、四边形、直线、贝塞尔曲线等内容。

第3章介绍了颜色的内建函数。本章进度完成后，你将学习到不同颜色制式及其参数讲解、颜色选择的多种方式、Alpha通道的设置、图形颜色的填充与边线的颜色设置以及像素处理等内容。

第4章介绍了分支语句。这是本书中接触的第一个流程控制语句。本章进度完成后，你将学习到逻辑运算符、分支语句的书写规范、if…else…语句、if…else if…语句、if语句的多重嵌套，以及多重条件判断和switch语句等内容。

第5章介绍了键盘、鼠标互动的相关内容。这是本书中接触的第一种互动方式，也是最为基础的互动方式。本章进度完成后，你将学习到键盘、鼠标互动的关键字和事件函数等内容。

第6章介绍了变换。本章进度完成后，你将学习到位置变换、大小变换、旋转变换、斜切变换和矩阵变换等内容。

第7章介绍了循环语句。本章进度完成后，你将学习到while循环语句、do…while循环语句、for循环语句，以及循环语句的多重嵌套等内容。

第8章介绍了数组。本章进度完成后，你将学习到如何声明、定义和使用一个数组，提升重复烦琐创作工作的效率。

第9章介绍了自定义函数。本章进度完成后，你将学习到定义并调用自己创建的各类型自定义函数，包括带有返回值的函数。

第10章介绍了类与对象。本章进度完成后，你将学习到类与对象的定义以及它们之间的关系，书写与命名规则、构造函数、成员方法、方法的重载、this关键字以及属性、权限修饰符和方法的访问及修改等内容。

第11章介绍了抽象类与接口。本章进度完成后，你将学习到抽象类的定义，接口的定义，如何实现抽象类与接口等内容。

第12章介绍了继承与多态。本章进度完成后，你将学习到类的继承，以及多态的实现等内容。

第13章介绍了如何在项目进行中处理始料未及的意外错误。本章进度完成后，你将学习到如何捕获异常，处理异常以及自定义异常，如何手动抛出异常。

第14章介绍了Processing与Arduino的互动。本章进度完成后，你将学习到Processing与Arduino的串口通信库相关函数与彼此间收发实现方法，实现数据可视化的互动等内容。

本书的使用要求

本书部分章节会使用到Arduino开源硬件。

本书面向的群体

本书面向艺术家、设计师、建筑师、研究员、爱好者。

本书相关说明

本书中使用的Processing是64位Windows版本，版本号为3.5.3；在部分章节中使用的硬件是Arduino的UNO版本，IDE版本号为1.6.12。

本书课件下载

本书源代码下载

本书免责声明

本书中使用的诸多图片来自百度图库，并非作者原创，每一处使用的图片都尽力标记出处，以示对原创者的尊重。因作者才疏学浅，能力有限，如果文中使用的图片未及时标明出处，侵犯了原创者的合法权益，请及时与作者联系。

本书读者交流QQ群：78790263

目录

第 1 章 Hello World!

对于每一个学习计算机编程语言的人来说，"Hello World"再熟悉不过，它已经成为了学习计算机编程的标志，对于Processing的初学者来说，从这个标志出发也未尝不可。那现在快跟随作者一起进入Processing的殿堂，揭开它神秘的面纱吧！

1.1 Processing介绍与使用

　　Processing是目前市面上对学习交互设计的初学者最为友好的编程软件了。它除了界面简洁、操作方便、可免费下载和使用外，国内外还有许多成熟的网络社区，方便学习者之间的沟通与交流。如果你的电脑上还没有这个神奇的软件，那么可以打开浏览器，在地址栏中输入https://www.processing.org/download/后按Enter键，就可以看到Processing的下载页面了，根据自己的系统选择相应的版本进行下载安装即可（图1.1.1）。

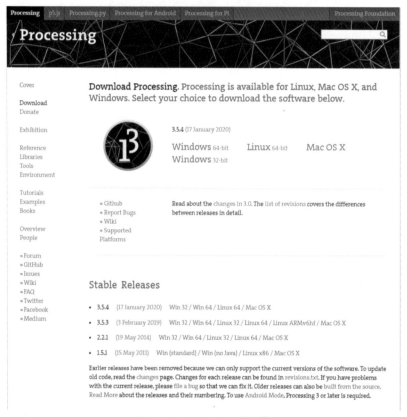

图1.1.1　Processing下载页面

　　打开安装好的Processing，会看见它的PDE（Processing Development Environment）的界面（图1.1.2），以后的所有代码编写和工程运行都是通过这个界面上的操作来完成的。它大致分为**工具栏、文本编辑区**和**文本控制台**三大区域，利用界面上的播放和停止按钮可以运行和停止程序，其他的相关功能在以后的使用中会陆续为大家介绍，在Processing中编写的每一个页签或工程被称作Sketch（草图），保存工程后会自动生成名字与页签名一样的文件夹，而工程源文件就被放入这个文件夹中，工程会以后缀为"*.pde"的文件格式保存。

图1.1.2 Processing的操作界面

在保存好工程（Sketch）之后，单击界面中的**"运行"**按钮，就开始工程，虽然我们这个工程里一个字也没有写，但这并不影响它的运行（图1.1.3）。

图1.1.3 Processing的运行界面

Processing的界面学习到这里就足够满足我们的初级需求了，更多功能会在后文中慢慢向大家介绍。

1.2 print与println

在编写工程时会经常用到调试输出功能，看看你的程序在运行到某一阶段的某一状态，或者想查看某个数值，又或者某个对象的属性值，再或者想打印输出某个错误等等的时候，除了Processing自带的Debug功能外，更为广泛使用的就是打印输出，这在任何一门编程语言中都有。

Processing是基于Java基础上的，我们尝试在Processing的文本编辑器区域中输入一段代码：System.out.print("hello world from java");请务必将这段代码完整抄写在文本编辑器中，字母的大小写也要保持一样，因为Java对字母大小写敏感，那Processing自然也是，写完后，千万别忘记了"；"，这个分号代表着一句代码的结束，告诉编译器你的这段代码写完了。这两点缺一不可，否则会因为报错而无法成功运行，当你完成上述步骤后，单击"运行"按钮或在键盘上按快捷键Ctrl+R，即可运行工程项目，效果如图1.2.1所示。

图1.2.1　Processing的运行结果

代码如下：

```
System.out.print("hello world from java");
```

成功运行后我们可以看到"hello world from java"的字符串在文本控制台中被打印了出来，在Processing中要想打印输出某些信息，其实大可不必写这么多一串，这里只是想展示并再次告诉读者们，Processing对Java的语言机制继承得非常好，"System.out.print(某些信息);"这种输出的写法就是来自Java。

在Processing中完成打印输出只需要print()函数即可完成，使用方法和要注意的事项与之前所说的完全一样。现在请大家自行在工程中输入图中的第二行代码，并单击"运行"按钮（图1.2.2）。

图1.2.2　两种语句输出结果对比

代码如下：

```
System.out.print("hello world from java");
print("hello world from Processing");
```

两段语句中的内容都成功被打印在文本控制台中，因此可以看出Processing虽然继承于Java，也对Java的许多功能进行了简化，以迎合和方便更多不同学科背景的学习者。

虽然两句话都被成功输出了，从图1.2.2中明显能看出两句话连接到一起了，这是因为第一句话的内容在输出之后，紧接着输出了第二句话[1]，在第一句话和第二句话之间没有插入明显的空格或者符号进行分隔。接下来我们将已经书写好的第一句进行修改，将System.out.print()修改为print("Hello world from Java　");，千万不要忽略在"Java"后面的空格，大家试试看，紧密相邻的两个字母是不是被空格分开了呢？（图1.2.3）。

图1.2.3　接入空格后的运行结果

代码如下：

```
print("hello world from java");
print("hello world from Processing");
```

但是这样依旧不是一个特别"高大上"的做法，我们现在继续对第一行代码进行修改，在修改之前有一个表我们一起来看看一看（表1.2.1），这个表展示了部分转义字符以及与其所对应的实际意义，这里我们只需要记住"\t"和"\n"即可。

1.　编译器编译程序后，运行的顺序是从上而下的，Java语言如此，Processing亦如此。

表1-2-1　转义字符'\'的部分用法

\t	键盘上的Tab键
\b	退格
\f	换页符
\n	换行
\r	回车

根据表1.2.1中提供的方法，把工程中的第一句内容修改为print("hello world from Java \n")并运行结果（图1.2.4）。

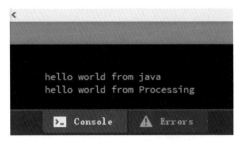

图1.2.4　加入"\n"后的运行结果

代码如下：

```
print("hello world from java \n");
print("hello world from Processing");
```

此时在第一段代码运行结束后会出现一个换行符，在第二段代码运行的时候，会另起一行，进行格式化输出，此时呈现的结果就是两句输出内容各占一行。当然，这个方法虽然"高大上"，但依旧不方便，Processing提供了另一个函数：println()，是不是看上去很眼熟？它与"\n"的功能一样，在每段代码输出后加入一个换行符，能够更加方便地对信息内容进行调试输出，给大家看看两种写法的对比结果（图1.2.5）。

（a）　　　　　　　　　　　　　（b）

图.1.2.5　两种方式的运行结果对比

这两种写法获得的结果是一致的，表1.2.1中提供的转义字符的方法大家可以多多尝试。

1.3 注释

注释是用来解释每一段代码意义的。而当一段有效的代码被注释后，这一段代码将失去原有的功能，变成一段普通的解释性文字。Processing中的注释有三种方法："//"被注释的内容""/*被注释的内容*/"和"/**被注释的内容*/"。前两种注释方法都是经常使用的，"//"是对单行进行注释（图1.3.1），"/*……*/"是进行多行注释（图1.3.2），/**……*/是文档注释，输出程序会把注释内容变成Javadoc文档，写入名为"index.html"的本地网页文件中。

图1.3.1　单行注释　　　　　图1.3.2　多行注释

单行注释代码如下：

```
//print("hello world from java \n");
print("hello world from Processing");
```

多行注释代码如下：

```
/*print("hello world from java \n");
print("hello world from Processing");
*/
```

1.4 变量

变量是计算机语言中储存计算结果或表示值的抽象概念。变量可以通过变量名访问[1]。这段概念看起来生涩难懂，其实变量可以看成给一个数据起了一个独一无二的名字，在某一个地方要使用这个数据的时候，直接通过这个名字就可以找到并使用这个数据[2]。

我们先来看一下Java中所支持的变量类型（表1.4.1）。

表1.4.1　Java中的变量类型一览[3]

变量类型	大小(字节)	取值范围
byte	1	−128至127
char	2	Unicode编码
short	2	−32768至32767
long	8	−9223372036854775808至9223372036854775807
int	4	−2147483648至2147483647
float	4	1.4e-45至3.4025235e38
double	8	4.9e-324至1.7976931345623157e308
boolean	—	true/false
String	—	—
void	—	—

在Java中支持八种基本变量类型，String类型的大小是由用户决定的，void不算基本变量类型，在后面函数与类的方法讲解中会深入讲解，这里只是提及，留有印象。表1.4.1中的变量类型在Processing里是支持的，我们先来看看什么情况下会用到这些类型。

1.4.1　整数类型

首先我们来谈谈整数，整数顾名思义是不带小数点的正负数与零的集合。比如身份证号码、手机号码、学号等，都是整数。我们在程序里实现它是像这样的，int id = 20157741;这里的int就是代表着整数类型，是Integer的缩写，这里需要提到的是short与long，我们称之为短整型和长整型，通过它们来声明的变量也是整数，只是取值范围有所区别，具体可以参考表1.4.1。

1.4.2　浮点数类型

浮点数和整数正好相反，是在计算机中用近似表示任意某个实数，可以理解为带有小数点的正负数。例如银行的存款、利率、圆周率等，这些都是浮点数。我们在程序里

---

1. 概念解释来于：https://baike.baidu.com/item/%E5%8F%98%E9%87%8F/3956968?fr=aladdin。
2. 这里要说明的是，声明的变量名的引用（或指针）是储存在栈中，而其真正的数值是储存在堆中的。
3. 各类型的数据在赋值过程中，都不能超过其类型的取值范围。

实现它是像这样的：float pi = 3.1415926；这里的float代表着单精度浮点数。浮点数里除了单精度浮点数，还有双精度浮点数，是通过double关键字来声明的，与float的单精度浮点数相比之下的区别就是：double的双精度浮点数取值范围更广。

1.4.3　字节类型

字节类型，也就为byte类型，是基础变量类型，大小为1，换算成二进制是8位，即00000000～11111111，我们在程序里实现它是像这样的：byte id= 127;，其他基础变量类型的大小都是以它为基础运行得出的，例如整型大小为4个字节，也叫4个byte，1个byte的取值为256，所以一个int的取值就为4个256相乘，其他数据类型大小以此类推。

1.4.4　字符类型

字符类型，可以理解为一句话只有一个字，当你的妈妈向你说了一堆话让你整理好家务、做好作业的时候，你躺在床上玩着手机漫不经心地回复了一个字"哦"的时候，你回复的这一个字在Processing中就会被认定为字符，而你妈妈所说的话是由很多个字符连接起来的，所以被称作字符串。字符类型是通过char关键字来声明的，像char answer = 'o';就是你的回复，这里有一点是非常容易犯错的，字符所包括的内容一定要使用单引号包裹起来，这就是书写规则，请谨记，感兴趣的同学可以针对为什么需要通过单引号而不是双引号或其他符号的问题深入研究编译原理的词法分析。

1.4.5　字符串类型

刚才在字符类型中提到了字符串类型，想必大家已经逐渐理解了，所谓字符串类型可以理解为多个字符串在了一起形成一句话，话中包括至少是一个字符以上。在程序中我们通过String关键字来声明字符串变量，例如String mamaSays = "You Should listen to me!"，这里mamaSays的内容是用双引号包裹的，而非单引号，这只是初识变量的类型，而更多字符串方法会在后文中讲述。

1.4.6　布尔类型

布尔类型，也称为逻辑类型。非常好理解，只能表达"真或假"的逻辑关系，在取值上只有true和false。在程序中通过boolean关键字来声明，例如boolean result = true;这段语句表示result这个变量保存的值为true（真值）。反之，boolean result = false;这段语句表示result这个变量保存的值为false（假值）。

我们借助之前学习的print()或println()函数来打印刚刚介绍的这些变量（图1.4.1）。

```
byte:127
int:67882019
float:3.1415925
char:o
String:you should listen to me
boolean:false
```

图1.4.1　各变量类型的打印输出结果

代码如下：

```
byte id = 127;
int telenumber = 67882019;
float pi = 3.1415926;
char answer = 'o';
String mamaSay = "you should listen to me";
boolean result = false;

println("byte:" + id);
println("int:" + telenumber);
println("float:" + pi);
println("char:" + answer);
println("String:" + mamaSay);
println("boolean:" + result);
```

1.4.7　变量的声明与定义

仔细观察图1.4.1中各个变量的声明，能否总结出一定的规律？答案是肯定的，这里先来解释声明变量与定义变量这两个概念。**声明变量，就是向编译器介绍你定义了一个变量，是什么类型，在哪一行，**以图1.4.1中的第一行语句为例，**当你在第一行写下了byte id的时候，就是告诉了编译器你定义了一个名为id的变量，这个变量属于byte类型，在程序的第一行，编译器会确定变量的大小，为变量开辟内存空间；**定义变量，就是声明好一个变量后并为变量赋值且初始化，在已经开辟好的内存空间中将数值保存起来，当使用变量名id的时候，能够在内存中调度为id变量所赋予的值。根据声明变量与定义变量的解释。现在总结出图1.4.1中规律如下。

声明变量的规则为：

变量类型 自定义变量名称；
byte id;
id = 127;　为变量id赋值

定义变量的规则为：

变量类型 自定义变量名称 = 值；
byte id = 127;

我们先将图1.4.1中的内容罗列出来（表1.4.2），看是否符合上述规律。

表1.4.2　各类型变量的声明与定义

类型	变量名	值
byte	id	127
int	teleNumber	67882019
float	pi	3.1415926
char	answer	"o"
String	mamaSays	"You should listen to me!"
boolean	result	false

值得注意的是，变量名虽然可以自己随意取，但是仍然需要遵循一定的规则才可以。

1.4.8　变量的命名规则

（1）变量名称只能由字母、数字、下画线、$符号组成，不能以数字开头。

（2）关键字[1]不能作为变量名称。

（3）不能在命名时出现中文。

（4）常量名全部大写。

（5）变量名遵循通俗易懂，由多个英文词语促成的变量名采用驼峰命名法，例如 String nickName = "Tony Stark"; 变量名nickName就是采用的驼峰命名法，第一个英文单词全部小写，第二个英文单词的首字母大写。

以上就是在进行声明定义变量时候要注意的部分命名规则，其中前三项为必须遵循的规则。

---

1. Processing中的关键字全部继承自Java，参考网址：https://www.processing.org/reference/。

1.4.9 常量

常量是指在程序运行过程中保持不变的量。它是通过final关键字来修饰的。常量在定义阶段必须赋予初始值，且在整个程序中只能被赋值一次。**在程序的任何位置，它的值都不能被修改**（图1.4.2）。

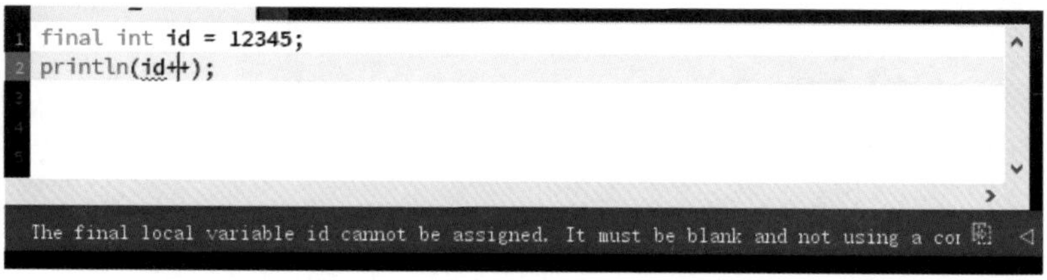

图1.4.2　常量的值不可以被修改

```
final int id = 12345;
println(id++);
```

第2章 图形绘制

图形是可视化的重要部分。Processing提供了多种图形绘制的函数，能方便快捷地创建图形，本章将带领你学习图形绘制的相关函数。

2.1 画布坐标系

在开始学习绘图之前我们需要先了解Processing画布的坐标系是如何构建的。我们可能最熟悉的莫过于笛卡儿坐标系了（图2.1.1）。在Processing中的坐标系却不同（图2.1.2），它的坐标原点（0,0）在画布的左上角，画布右侧为X轴的正方向，画布的下侧为Y轴的正方向（图2.1.3）。

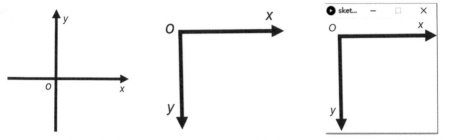

图2.1.1　笛卡儿坐标系　　　图2.1.2　Processing坐标系　　　图2.1.3　Processing坐标系示意图

2.2 点

在Processing中描绘一个点，是通过point()函数完成的，在一个平面上如何确定一个点？你会回答需要一个坐标！没错，point()函数是通过一个二维坐标来确定它自己在画布上的位置的。

point(x,y);

x和y分别代表着这个点在x与y轴上的位置。

在文本编辑器区域中写入，看看是否在画布中间出现了一个点，这里的点被加粗了边线，而并非一个圆（图2.2.1）。

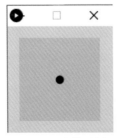

图2.2.1　点的示例

```
strokeWeight(10);
point(width/2,height/2);
```

width和height是Processing中的关键字，它们的值分别对应着画布的**宽度**和**高度**，当没有手动设置画布大小的时候，默认是100×100大小的画布，也就是说此时的width和height的值都为100。strokeWeight用来调整边线的粗细程度，按本书设置，更多的内容会在第3章中讲解。

2.3 线

线可以被看作无数个点的组合，这并不意味着我们在绘制一条直线的时候需要画无数个点，Processing提供了line()函数，只需要提供直线两个端点的坐标即可绘制一条直线（图2.3.1）。

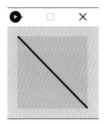

图2.3.1　线的示例

```
line(px1,py1,px2,py2);
```

px1和py1代表着第一个点的坐标;
px2和py2代表着第二个点的坐标。

我们更改一下2.2节中的代码：

```
strokeWeight(2);
line(0,0,width,height);
```

2.4 三角形

在学习了直线的绘制之后，是否可以举一反三绘制三角形呢？这里只需要提供三角形的三个顶点的坐标就可以了，通过triangle()函数就可以完成三角形的绘制。

```
triangle(px1,py1,px2,py2,px3,py3);

px1和py1代表着第一个顶点的坐标;
px2和py2代表着第二个顶点的坐标;
px3和py3代表着第三个顶点的坐标。
```

我们在文本编辑器区域中写入以下代码,单击"运行"按钮查看效果(图2.4.1)。

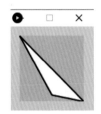

图2.4.1　三角形的示例

```
strokeWeight(2);
triangle(0,0,width/2,height-10,width,height);
```

在绘制不太容易确定坐标的图形的时候,可以尝试使用Tweak模式。

Tweak模式在菜单栏中,找到"速写本",打开下拉菜单后,单击"调整"选项,也可以通过快捷键Ctrl+Shift+T来启动该模式。

```
void setup() {
 size(100, 100);
}

void draw() {
  strokeWeight(2);
  triangle(0,0,50,90,width,height);
}
```

将这一段代码输入后,启动Tweak模式,拖动出现在数字下的小横线即可实时调整坐标点了,在调整到合适的坐标点后,停止运行项目,会出现弹窗,提示是否保存调整后的参数,单击"保存"按钮。有关setup()函数和draw()函数后文会讲解,这里照抄,实现效果即可,请注意分号与大括号,不能少打、漏打。

2.5 圆与椭圆

在Processing中圆形和椭圆分别由两个内建函数完成,虽然椭圆也能够完成圆形的描绘，但在官方的函数设置上，依旧将两个图形认为是不同的形状。绘制圆形是通过circle()函数来完成的。

circle(x,y,extent);

x和y代表着圆心的坐标点；
extent代表着圆形的直径大小。

输入代码circle(width/2,height/2,50);并单击"运行"按钮，得到下图效果（图2.5.1）。

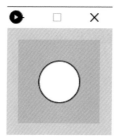

图2.5.1　圆形的示例

椭圆是通过ellipse()函数来完成的。

ellipse(x,y,width,height);

x和y代表着圆心的坐标点；
width代表着椭圆形横轴方向的直径大小；
height代表着椭圆形纵轴方向的直径大小。

我们输入代码ellipse(width/2,height/2,50,100);并单击"运行"按钮，得到下图效果（图2.5.2）。

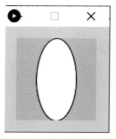

图2.5.2　椭圆形的示例

在绘制椭圆的时候，绘制模式是默认以圆心坐标为中心的（CENTER模式），而在绘制椭圆形状的时候可以设置四种模式：CENTER、RADIUS、CORNER、CORNERS，通过ellipseMode(mode)函数来设定绘制模式，该函数一定要放置在ellipse()函数之前。

```
ellipseMode(CENTER);
ellipse(width/2,height/2,50,100);
```

- CENTER模式。该模式将ellipse()函数的前两个参数作为形状的中心点，第三个和第四个参数是其宽度和高度。
- RADIUS模式。该模式将ellipse()函数的前两个参数作为形状的中心点，第三个和第四个参数是指定形状的一半宽度和高度。
- CORNER模式。该模式将ellipse()函数的前两个参数作为形状的左上角坐标位置，第三个和第四个参数是形状的宽度和高度。
- CORNERS模式。该模式将ellipse()函数前两个参数解释为形状的一个角的坐标位置，第三个和第四个参数解释为这个角的相对角的坐标位置。

2.6 方形

方形也是众多内建基础图形中的一个，通过调用rect()函数就能绘制一个方形，相较于圆形和椭圆形，不同的是Processing中并无专门的函数用来区分正方形或长方形，只是通过rect()函数的参数来改变图形的形状。

```
rect(x,y,width,height);

x和y代表着方形左上角的坐标点;
width代表着方形横轴方向的宽度大小;
height代表着方形纵轴方向的高度大小。
```

我们输入代码rect(width/2,height/2,50,50);并单击"运行"按钮，得到如下效果（图2.6.1）。

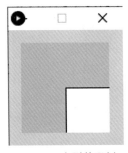

图2.6.1　方形的示例

图2.6.1的运行结果引申出了一个问题，为什么把方形的坐标点设置在画布的正中心，而方形却出现在画布的右下角呢？这里涉及绘制方形时的模式设置问题，这个问

题与之前的圆形模式设置相同，通过rectMode(mode)函数来设置，该函数一定要放置在rect()函数之前。在绘制方形的时候可以设置四种模式：CENTER、RADIUS、CORNER、CORNERS，rect()函数的默认模式是CORNER。

```
rectMode(CENTER);
rect(width/2,height/2,50,50);
```

- CENTER式。该模式将rect()函数的前两个参数作为形状的中心点，第三个和第四个参数是其宽度和高度。
- RADIUS模式。该模式将rect()函数的前两个参数作为形状的中心点，第三个和第四个参数是指定形状的一半宽度和高度。
- CORNER模式。该模式将rect()函数的前两个参数作为形状的左上角，第三个和第四个参数是形状的宽度和高度。
- CORNERS模式。该模式将rect()函数前两个参数解释为形状的一个角的坐标位置，第三个和第四个参数解释为这个角的相对角的坐标位置。

2.7 弧形

可以将弧形理解为圆形的一部分。通过arc()函数即可将弧形绘制在画布中。arc()函数构造弧形有两种形式，是通过构造函数重载[1]实现的，形式如下：

- arc(x,y,width,height,start,end);
- arc(x,y,width,height,start,end,mode);

x和y代表着弧形中心的坐标点；
width代表着弧形横轴方向的宽度大小；
height代表着弧形纵轴方向的高度大小；
start代表着弧形的起始位置，数值用弧度表示；
end代表着弧形的终止位置，数值用弧度表示；
mode代表着弧形图形闭合的模式，分为OPEN、CHORD和PIE。

我们将如下代码输入后并运行，观看结果的不同（图2.7.1）。

```
size(300,300);
arc(50,50,50,50,0,PI,OPEN);
arc(100,100,50,50,0,PI,CHORD);
arc(150,150,50,50,0,TWO_PI - PI/4,PIE);
```

---

1. 构造函数的重载在第10章中会详细讲解。

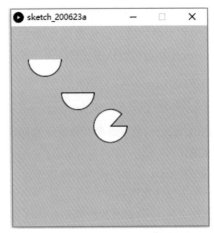

图2.7.1　弧形的示例

- **OPEN模式**。启用该模式后，弧形的尾端不会闭合。
- **CHORD模式**。启用该模式后，弧形的尾端会闭合。
- **PIE模式**。启用该模式后，弧形的尾端会闭合，且闭合的路径会通过弧形的中心坐标点。

2.8 **四边形**

Processing提供了一个自行创造四边形图形的函数——quad()，通过这个函数能够快速地建立一个四边形，具体是平行四边形还是梯形或菱形，完全是由参数来决定，由于在二维平面中，四边形的构成是需要四个坐标点的，因此quad()函数可以通过四个点的坐标来构建，四个点的坐标构建顺序为顺时针方向。

```
quad(x1,y1,x2,y2,x3,y3,x4,y4);

x1和y1代表着四边形第一个点的坐标位置;
x2和y2代表着四边形第二个点的坐标位置;
x3和y3代表着四边形第三个点的坐标位置;
x4和y4代表着四边形第四个点的坐标位置。
```

我们将如下代码输入后并运行，查看结果的不同（图2.8.1）。

```
size(300,300);
quad(50,50,100,50,125,100,25,100);
```

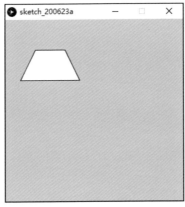

图2.8.1　四边形的示例

2.9 贝塞尔曲线

贝塞尔曲线是Processing中运用最多的曲线构建方式[1]，通过bezier()函数来绘制曲线；贝塞尔曲线的参数容易使人搞不清楚，它有两种重载方式：

bezier(x1, y1, cx2, cy2, cx3, cy3, x4, y4);
bezier(x1, y1, z1, cx2, cy2, cz2, cx3, cy3, cz3, x4, y4, z4);

虽然构建曲线函数的参数较为烦琐，但是依旧能够找到快速理解它的方法。

请跟随我的思路一起，首先在脑海中想象一条直线（图2.9.1），如果想要将一根直线变成三角形，是不是在两个端点之间加上一个控制点并拖动它即可呢（图2.9.2）？如果再加入一个控制点并再次拖动它呢（图2.9.3）？

图2.9.1　贝塞尔曲线的
形成的示例

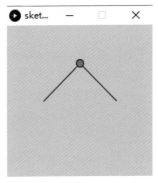

图2.9.2　直线加入了一个
控制点

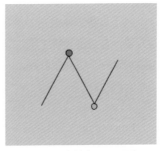

图2.9.3　直线加入了两个
控制点

1.　在Processing 3.0+版本中新增了curve()函数用来绘制曲线。

从图2.9.3看与贝塞尔曲线形状相差不多了，无非现在还是直线。我们现在再来观察bezier()函数的参数：

bezier(x1, y1, cx2, cy2, cx3, cy3, x4, y4);

x1和y1代表着贝塞尔曲线的第一个点的坐标位置；

cx2和cy2代表着贝塞尔曲线的第一个控制点的坐标位置（图2.9.2中的红色点位置）；

cx3和cy3代表着贝塞尔曲线的第二个控制点的坐标位置（图2.9.3中的绿色点位置）；

x4和y4代表着贝塞尔曲线的第二个点的坐标位置。

我们将如下代码输入后并运行，查看结果的不同（图2.9.4）：

```
size(200,200);
noFill();
bezier(50,100,100,50,100,200,150,100);
```

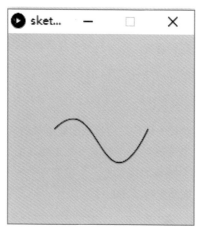

图2.9.4　贝塞尔曲线的示例

以上贝塞尔曲线在二维平面中的构建方法，Processing同时也提供了它在三维中的构建方法，在二维坐标上增加了一个三维坐标，即z坐标点，依照二维的方法同样可以在三维中构建一个贝塞尔曲线。

bezier(x1, y1, z1, cx2, cy2, cz2, cx3, cy3, cz3, x4, y4, z4);

Processing的三维空间坐标系在二维的基础上增加了z轴（图2.9.5）。

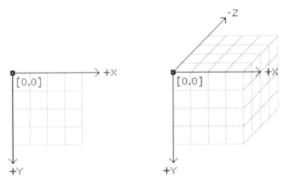

图2.9.5　Processing二维与三维坐标系

我们将如下代码输入后运行，并在画布上移动鼠标，观察结果与其变化（图2.9.6）。

图2.9.6　三维空间中贝塞尔曲线的示例

```
void setup() {
size(300,300,P3D);¹
smooth();
}

void draw() {
background(0);
stroke(255,255,255);
strokeWeight(5);
noFill();
bezier(50,100,50,100,50,50,100,200,50,150,100,50);
```

1. P3D是Processing基于OPENGL开发的，能够支持3D的模式，是Processing进入三维世界的接口。

```
beginCamera();
camera(mouseX/2,mouseY/2,20,width/2,height/2,20,0.5,0.5,0);
endCamera();
}
```

与贝塞尔曲线的相关函数还有bezierDetail()、bezierPoint()、bezierTangent()，感兴趣的同学和朋友们可以参考以下链接：

https://www.processing.org/reference/bezierDetail_.html

https://www.processing.org/reference/bezierPoint_.html

https://www.processing.org/reference/bezierTangent_.html

2.10 自绘图形

除了一些固定形状的图形以外，Processing还提供更加灵活的绘图方式，就是vertex()函数，vertex的英文意思是顶点、角点，既然是点，那么vertex()又是如何进行图形绘制的呢？其实Processing把多个vertex()函数画出的点进行了连接，其形成的面积就是需要绘制的图形，它不仅能够绘制二维图形，还可以绘制三维图形，除此之外，vertex()函数还有一个非常重要的作用——**贴图**！我们现在一起来看看vertex()函数提供了哪些可以支配的参数和重载方法吧。

- vertex(x,y);
- vertex(x,y,z);
- vertex(x,y,u,v);
- vertex(x,y,z,u,v);
- vertex(float array);

x、y和z代表着顶点的坐标；
u代表着贴图横轴方向的坐标；
v代表着贴图横轴方向的坐标；
array代表着单精度浮点类型的数组。

vertex()函数对于自定义图形来说是非常重要的，相关图形的绘制也会与贝塞尔图形相结合，我们先从二维开始一步步了解vertex()函数。当我们输入stroke(255,0,0);vertex(50,50);两行代码并运行后，好像并没有出现任何结果和图形，甚至出现一个点（图2.10.1）。

图2.10.1　vertex()函数的错误使用示例

不用担心，**这是因为在使用vertex()的时候需要将它们包裹在beginShape()与endShape()函数之间**，通过两个函数的联合调用告诉Processing要开始绘制图形了和现在绘制完了，请把图形呈现给出来，那现在我们就添加上这两个函数，并将vertex()函数包裹起来。

在Processing中输入以下代码，运行程序并观察结果（图2.10.2）。

```
beginShape();
stroke(255,0,0);
vertex(50,50);
endShape();
```

图2.10.2　vertex()函数的正确使用示例

现在我们能够清晰地看见，在画布的中央出现了一个红色的点。然后将更多的顶点加入到程序中去，并在beginShape()里填入参数"QUAD"，在endShape()里填入参数"CLOSE"，具体代码如下：

```
beginShape(QUAD);
stroke(255,0,0);
vertex(0,0);
vertex(50,0);
vertex(50,50);
vertex(0,50);
endShape(CLOSE);
```

在输入完所有代码后，运行程序并观察结果（图2.10.3）。

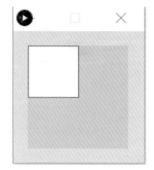

图2.10.3　vertex()函数绘制正方形的示例

现在图形就被正确、完整地绘制在画布中了。这里一定有读者会对beginShape()函数和endShape()函数里的参数好奇，这里为大家做一下必要的讲解。endShape()函数里的参数只有一个值，就是"CLOSE"，它标志着图形的绘制，最后必须闭合，与之前讲到的arc()函数中最后一个参数位所填入的"CHORD"模式效果一样。而beginShape()函数参数就要多一些，它的参数（或模式）有POINTS、LINES、TRIANGLES、TRIANGLE_STRIP、TRIANGLE_FAN、QUADS、QUADS_STRIP等七种，仔细观察它们的英文单词可以发现，这些模式都是各种图形的意思，其实这就是告诉Processing现在要画一个图形，大概是什么形状，需不需要封口之类的信息。关于参数的更多信息大家可以参考https://www.processing.org/reference/beginShape_.html，这里就不再赘述。

现在我们准备一张图片，尝试为刚才画好的正方形贴上一张图片。单击"速写本"菜单，在弹出的下拉菜单中选择"添加文件"，在弹出的对话框中选择准备好的图片，单击"打开"按钮即可（图2.10.4、图2.10.5），这时，工程文件下会生成一个名为data的文件夹，图片就被保存在里面（图2.10.6），可以按快捷键Ctrl+K进行查看，在这里我准备了一张小猫咪的图片，像素为850×1134。

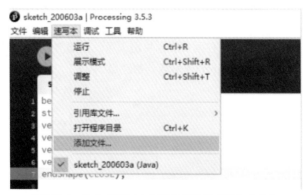

图2.10.4　单击"速写本"菜单栏选择"添加文件"

图2.10.5　选择并添加图片文件

图2.10.6　添加的图片被保存在工程中

　　为了能够将这张小猫咪的贴图完整地贴在我们自定义的方形中，我们对画布大小进行了一些调整，将画布大小设置成与图片像素大小一致。由于贴图需要使用P3D模式，所以在size()函数中一定不能够忘记该模式的启用，完整代码如下：

```
size(850,1134,P3D);
PImage img = loadImage("cat.jpg");

beginShape(QUAD);
texture(img);
stroke(255,0,0);
vertex(0,0,0,0);
vertex(width,0,850,0);
vertex(width,height,850,1134);
vertex(0,height,0,1134);
endShape(CLOSE);
```

这里需要提及的是，通过PImage类中的loadImage("pictureName.文件后缀")方法来实现图片的加载，通过texture(img)函数将图片变为贴图，以供vertex()函数访问。当你按照以上代码输入的时候，实则是调用了vertex(x,y,u,v)这个函数，通过四个vertex()的调用，分别将图片的四个顶点与自己绘制的正方形的四个顶点对应上，即可获得完整的小猫咪贴图（图2.10.7），大家可以尝试修改参数来获得不同的结果。

图2.10.7　贴图后的效果

现在我们继续讲解vertex()函数如何在三维空间中的使用，与之前的贝塞尔曲线的三维空间应用一样，需要开启P3D模式。输入以下代码，运行程序并观察结果（图2.10.8）。

```
float angle;            //定义了一个变量来改变旋转角度

void setup() {
size(500,500,P3D);
angle = 0;              //将旋转角度的值初始化为0
}

void draw() {
background(0);
beginShape(TRIANGLE_STRIP);
rotateX(angle);         //图形沿X轴方向旋转
vertex(0,0,0);
vertex(212,321,100);
vertex(430,279,50);
```

```
endShape(CLOSE);
angle += 0.1f;          //旋转角度不断增大
}
```

图2.10.8　三维空间中自定义三角形的示例

　　我们可以观察到自定义的三角形在沿着x轴方向不断地旋转，此时的旋转是围绕原点旋转的，即围绕画布左上角进行旋转。接下来，我们继续将小猫咪的贴图放在这个三维空间中的自定义三角形图形上，与之前一样，在我们现在的代码基础上添加贴图的代码，补充vertex()的第四和第五个参数位，运行代码并观察结果（图2.10.9），完整代码如下：

```
float angle;
PImage img;

void setup() {
  size(500,500,P3D);
  img = loadImage("cat.jpg");
  angle = 0;
}

void draw() {
  background(0);
  beginShape(TRIANGLE_STRIP);
  texture(img);
  rotateX(angle);
```

```
  vertex(0,0,0,0,0);
  vertex(212,321,100,0,850);
  vertex(430,279,50,850,1134);
  endShape(CLOSE);
  angle += 0.1f;
}
```

图2.10.9　三维空间中自定义三角形贴图的示例

虽然贴图成功了，但看上去不是一个完整的贴图，你可以尝试着将以上代码进行修改，把完整的小猫咪展现出来。

vertex()还有另一个重载方法，即vertex(float array)。把一个float类型（单精度浮点型）的数组传入后，它将这个数组的长度用来对顶点数量进行限制。比较正式的解读是"顶点参数的数组，作为VERTEX_FIELD_COUNT字段的长度"，VERTEX_FIELD_COUNT字段是Processing定义的一个常量，用来计算vertex()顶点数量的。

我们先声明并定义一个float类型数组，并将数组的长度设置为1，这里并不用纠结什么是数组，第7章的内容会重点介绍，在这里照抄即可，代码如下：

```
float [] array = new float [1];

beginShape();
vertex(array);
vertex(0,0);
```

```
vertex(1,1);
endShape();
```

按快捷键Ctrl+R运行程序，观察结果（图2.10.10）。

图2.10.10　超界vertex()函数传入float类型数组的示例

这里程序并没有成功运行而是发生了一个异常，错误提示的内容为"ArrayIndexOut OfBoundsException: 1"，意思是数组下标的边界溢出，发生这个错误是因为数组长度为1（意思是只允许绘制一个vertex()顶点），而这里绘制了2个顶点，所以这个数组装不下多余的那一个顶点，从而发生了该错误，我们将数组长度改为2，或者删除一个顶点，就可以解决这个错误（图2.10.11）。

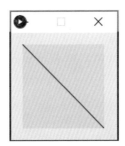

图2.10.11　修改数组长度后的vertex()函数的示例

到目前为止，使用vertex()函数自定义的图形都是直线组成的，并不能构成多样化的图形，所以为了让自定义的图形内容更加丰富，Processing提供了一个可以与vertex()函数完美相结合的贝塞尔曲线函数，那就是bezierVertex()函数，它有两种重载形式：

```
bezierVertex(x2, y2, x3, y3, x4, y4);
bezierVertex(x2, y2, z2, x3, y3, z3, x4, y4, z4);
```

仔细观察这两种形式后会发现，bezierVertex()函数并没有之前的x1和y1，同时也支持三维模式，三维模式的使用与之前众多示例一样，进行z轴的参数设定就可以了，而该函数缺少第一个点的坐标是因为要使用bezierVertex()函数，是需要与vertex()函数一同使用，并且vertex()函数要在bezierVertex()函数之前，用vertex()函数作为bezierVertex()函数的第一个点坐标，bezierVertex()函数的参数顺序及其意义与bezier()函数相同，这里不再赘述（图2.10.12）。

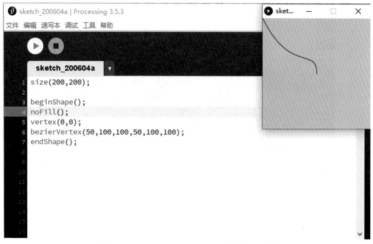

图2.10.12　bezierVertex()函数的示例

2.11 球体

可以通过Processing内建的sphere()函数快速创建一个3D的球体。它的使用非常简单：

```
sphere(radius);
```

在括号里输入球体的半径大小即可，由于sphere()函数中将生成的球体坐标设定到坐标系原点，同时也并没有提供设定球体坐标的参数位，所以想要调整这个球体在画布的位置，需要通过translate(x,y)函数来改变坐标系原点的位置，从而达到改变球体在画布中位置的功能（图2.11.1），代码如下：

```
size(200,200,P3D);
translate(100,100);
sphere(50);
```

图2.11.1　sphere()函数的示例

　　球体是由多个面相互连接组成的,当我们根据作品需求对面数进行修改的时候,可以调用sphereDetial()函数来解决这一问题。sphereDetial()函数提供了两个重载方法:

- sphereDetail(res);
- sphereDetail(ures, vres);

res代表着resolution,可以理解为组成球体的整个面数;
ures和vres代表着组成球体的横向面数与纵向面数;
sphereDetial()函数需要写在sphere()函数之前。

　　我们在Processing中输入以下代码,并尝试在画布上横向与纵向移动鼠标,观察结果(图2.11.2)。

```
void setup() {
  size(200,200,P3D);
}

void draw() {
  background(0);
  pushMatrix();
  sphereDetail(mouseX, mouseY);
  translate(100,100);
  sphere(50);
```

```
  popMatrix();
}
```

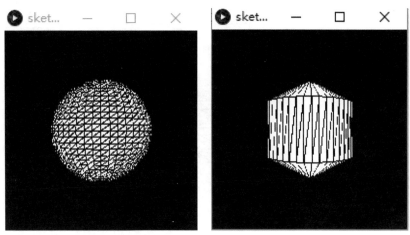

图2.11.2   sphereDetial()函数的示例

2.12 立方体

除了球体以外，Processing还提供了可以快速绘制立方体的函数，即box()，这个函数也有两种重载的方法：

- box(size);
- box(width,height,depth);

size代表着立方体的大小；
width、height和depth代表着立方体的宽度、高度和深度。

尝试输入以下代码，运行并观察结果（图2.12.1）。

```
void setup() {
  size(500,500,P3D);
}

void draw() {
  background(0);
  pushMatrix();
  translate(100,100);
```

```
    box(50);
    translate(200,200);
    box(50,20,30);
    popMatrix();
}
```

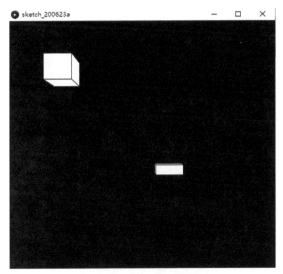

图2.12.1　box()函数的示例

2.13 可缩放矢量图与三维模型

　　Processing对可缩放失量图（Scalable Vecter Graphics，SVG）和三维模型的支持大大扩展和丰富了在交互过程中的图形边界。我们先来谈谈SVG，SVG**是一种图像文件格式**，Processing提供了PShape类来解决SVG图形和三维模型的调用和处理问题，PShape类可以使用的方法非常多，这里主要讨论loadShape()、createShape()和shape()三种方法[1]。

　　我们先准备好一张SVG格式的图片[2]，并按照之前描述的方法添加到工程的data文件夹中。

　　loadShape()方法能够协助我们读取SVG格式的图片，在调用该方法前，我们还需要声明一个PShape类的对象，这里暂且称这个对象为svg。

　　1.　注意这里的措辞是方法而不是函数，具体区别会在第10章中详细说明。

　　2.　图片来源：https://www.iconfont.cn/collections/detail?spm=a313x.7781069.1998910419.d9df05512&cid=23114。

```
PShape svg;

void setup() {
  size(200,200);
  svg=loadShape("heart.svg");
}

void draw() {
  shape(svg,0,0,200,200);
}
```

　　将文件名写入loadShape()方法的括号内，并用引号包裹。在draw()函数里写入shape()
方法，将svg对象传入第一个参数位，第二和第三个参数位设定图片在画布中的位置，第
四和第五个参数位设定图片的宽度和高度，单击"运行"按钮并观察结果（图2.13.1）。

图2.13.1　PShape类读取与绘制方法的示例

　　PShape类不仅能够载入和处理SVG格式图片，还能够实现绘制图形的功能。

```
PShape rect;

void setup() {
  size(640,360,P2D);
  rect= createShape(RECT,0,0,200,200);
}

void draw() {
  background(51);
  translate(mouseX, mouseY);
  shape(rect);
}
```

通过createShape()函数来设置要绘制图形的形状、位置和大小，再调用shape()函数将需要绘制的图形呈现在画布中（图2.13.2），createShape()函数除了可以绘制方形（rect）之外，还能绘制点（point）、线（line）、弧形（arc）、四边形（quad）、圆形（ellipse）、三角形（triangle）、立方体（box）、球体（sphere）等基础图形。

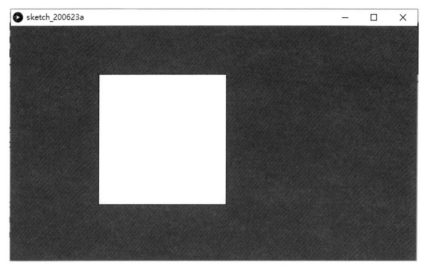

图2.13.2　PShape类绘制图形方法的示例

除了上述基础图形绘制外，**PShape**类还提供了非常灵活的绘图方式，可以将若干个图形组合成一个完整的图形，现在来定义一个机器人，称之为robot，这个robot是通过头部、身体等部位组成的，所以我们需要多声明几个**PShape**类的对象来构建这个robot：

```
PShape robot,head,body;
size(500,500);
robot = createShape(GROUP);
ellipseMode(CORNER);
```

这里的GROUP意思是之后要绘制的头部、身体等部分时要添加到这个robot上的。
现在我们开始绘制头部：

```
head = createShape(ELLIPSE,-25,0,50,50);       //绘制头部
head.setFill(color(127));                       //为头部设定颜色
body = createShape(RECT,-25,45,50,40);          //绘制身体
body.setFill(color(0));                         //为身体设定颜色
```

头部和身体绘制完成后，将它们组合起来，放在robot图形中，之前我们并没有对robot进行绘制，所以它现在是没有绘制图形的，所以我们要将刚才绘制好的部件填充给

它，这里调用了addChild()方法来实现，把head和body都作为参数放在小括号内：

```
robot.addChild(body);
robot.addChild(head);
```

最后通过shape(robot)函数将绘制好的机器人呈现在画布上（图2.13.3），完整的代码如下：

```
PShape robot,head,body;

void setup() {
  size(100,100);
  robot= createShape(GROUP);
ellipseMode(CORNER);
  head = createShape(ELLIPSE,-25,0,50,50);
  head.setFill(color(255));
  body = createShape(RECT,-25,45,50,40);
  body.setFill(color(0));
  robot.addChild(body);
  robot.addChild(head);
}

void draw() {
  background(204);
  translate(50,15);
  shape(robot);
}
```

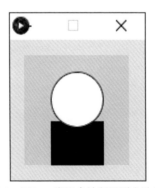

图2.13.3　PShape类组合绘制图形方法的示例

PShape类在解决了SVG图片和图形绘制方法多样性的问题的同时，也增加了对3D模型的支持，根据目前使用版本参考说明解读，只支持OBJ格式的3D模型[1]。准备并载入

1.　本示例的OBJ模型资源来自于：http://www.aigei.com/s?q=obj+&type=3d&detailTab=file&page=2。

OBJ模型后，输入以下代码，并运行观察结果（图2.13.4）：

```
PShape obj;

void setup() {
  size(500,500,P3D);
  obj = loadShape("ball.obj");
}

void draw() {
  background(204);
  translate(width/2,height/2);
  shape(obj,0,0);
}
```

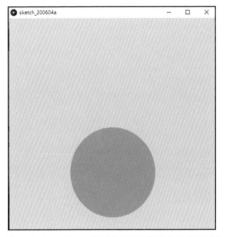

图.2.13.4　PShape类绘制OBJ模型方法的示例

　　PShape类对于外部3D模型的导入和处理功能比较简单，无法完成高级的贴图和法线等内容的处理。如果想要更加深入地了解PShape类的其他方法请参考https://www.processing.org/reference/PShape.html。

第**3**章 **颜色与像素**

　　前一章学习了图形的绘制，但是颜色都极其单调，也不具备任何的美感，如果只是运用白色或者黑色来填充你的作品，恐怕难以产生视觉上的冲击力，虽然有时候好的作品色彩也许不那么复杂，但是掌握好颜色方面的内容有备无患。本章就将带领你学习在Processing中颜色的相关知识。

3.1 颜色的制式

在Processing中有着两种颜色制式，分别是RGB和HSB（图3.1.1）。RGB即常说的光学三原色，在计算机中最常见的就是RGB颜色制式，RGB顾名思义是Red（红）、Green（绿）和Blue（蓝）。在RGB的制式下，分别给予Red、Green、Blue不同的值，当这不同值的三种颜色混合在一起时，就会出现另一种颜色。RGB的各个颜色**取值范围**在0~255，三原色值全部为0，即为黑色，三原色值全部为255，即为白色，R值给定255，而其他两个颜色的值给定0，此时为红色，以此类推。随后我们会通过程序来示例这一点。

另一种颜色的制式是HSB。HSB即颜色的Hue（色相/色轮）、Saturation（饱和度）、Brightness（照明度），它们与RGB颜色制式取值范围不同，HSB拥有各自的取值范围：Hue取值范围在0~360、Saturation取值范围在0~100、Brightness取值范围在0~100。因为RGB制式是运用最多、最广、最方便，所以我们将着重介绍RGB颜色制式。

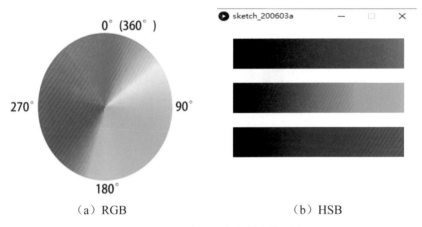

（a）RGB　　　　　　　　　（b）HSB

图3.1.1　RGB与HSB色彩制式的示例

3.2 颜色的填充

对绘制的图形进行颜色的填充。首先要学习如何对画布底色进行填充，对画布底色的填充需要用到background()函数，它提供了七种重载方法可以使用：

- background(gray);
- background(gray, alpha);
- background(r, g, b);
- background(r, g, b,alpha);

- background(rgb);
- background(rgb, alpha);
- background(image);

gray代表着灰阶，数值控制着从黑色到白色；
r,g,b代表红色、绿色和蓝色；
rgb代表着color颜色类的对象数据类型；
alpha代表着透明通道，控制颜色的透明度；
image代表着图片。

我们先来讲解background(gray)，这种形式是填入一个参数的情况，且这个参数范围是0~255之间的一个数值，此时只能控制着画布颜色从黑到白的过程（图3.2.1）。

图3.2.1　background(gray)的示例

输入以下代码，更加直观地观察灰阶的颜色变化过程：

```
int backColor = 0;

void setup() {
  size(100,100);
}

void draw() {
  background(backColor);
  backColor += 1;
  if (backColor >= 255) {
    backColor = 0;
  }
}
```

通过backColor变量值的逐渐增加，进而改变了其被传入background()的值，从而改变了画布的底色。现在在上述代码中的background()函数的第二参数位添加一个常数，控制灰阶的透明度，此时调用了background(gray, alpha)形式，看看是否达到了透明效果，无论这里遇到什么问题，暂且不回答，谜底将在后文揭晓，请带着这个疑问继续往下学习。

　　学习到这里，背景依旧是黑白色，现在就给它点"颜色"看看。background(r, g, b)是我们现在要用到的函数形式，将上述代码再次进行修改，使之变成background(255,0,0)，当然也可以通过变量的形式完成，看看画布现在是什么颜色呢（图3.2.2）？

```
int backColor = 255;

void setup() {
  size(100,100);
}

void draw() {
  background(backColor,0,0);
  backColor += 1;
  if (backColor >= 255) {
    backColor = 0;
  }
}
```

图3.2.2　background(r,g,b)的示例

　　现在可以动手尝试分别将不同的数值带入background()函数的RGB参数位中，观察数据变化带来的颜色变化。

　　可能有时候会觉得这种将RGB值分别传入background()函数的方式过于烦琐，特别是面对代码量较大的时候，Processing允许将RGB颜色数值进行打包，统一为color类，再放入background()函数里，这样操作会更加清晰、简洁（图3.2.3）。

```
color c = color(0,255,0);

void setup() {
  size(100,100);
}

void draw() {
```

```
    background(c);
}
```

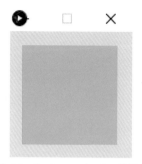

图3.2.3　background(color)的示例

现在背景颜色的填充基本讲解完成，但是你会不会还抱有些许疑问，这样的颜色还是过于单调，功能有些单一，如果要做游戏怎么办，背景如果是一幅画面、一张图片又该怎么办？这里为大家讲解background()函数的最后一种重载形式，就是将你喜欢的图片作为画布的背景，即background(image)，需要注意的是画布大小必须与图片像素大小一致，这里准备的图片像素大小为472×420，载入准备的图片至工程的**data**文件夹中，然后输入以下代码，并运行观察结果（图3.2.4）。

```
PImage img;
size(472,420);
img = loadImage("image.png");
background(img);
```

图3.2.4　background(image)的示例

这里的"image.png"是准备好的图片，其文件名和文件后缀，必须完整输入，文件名和后缀必须与准备的图片一模一样，否则会报错。

可以通过size(width,height)函数来缩小或者放大画布尺寸，观察呈现出的不同的变化。

学习完背景颜色填充后，接下来为之前绘制的各种图形进行颜色的填充。这里主要用到fill()函数和stroke()函数。它们的根本区别是前者为有面积的图形进行颜色填充，例如圆形、方形、三角形等；而后者为没有面积的图形进行颜色填充，例如点、线等。

如果你现在迫不及待地想为图形填充颜色，那不妨先尝试一下。先在画布中心画上一个半径为50的圆形，再为其填充一个颜色，例如黑色即可，虽然还没有学习fill()函数到底怎么用，到底有多少种重载方法，但是这并不影响我们去使用它，因为我们将暂时套用一下background()函数的一些重载方法进行测试，不断地尝试对于学习过程来说是非常重要的（图3.2.5）。

```
size(100,100);
ellipse(50,50,50,50);
fill(0);
```

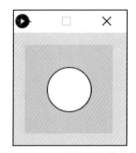

图3.2.5　fill()函数灰阶的示例

不应该是按照我们的猜测，在RGB颜色的制式下，在一个参数的限制下，颜色取值范围是0～255，0代表黑色，255代表白色，在已经为圆形填充了黑色的情况下，为什么显示出来的圆形依旧是白色呢？

这里要稍微谈一点与颜色无关的话题，Processing执行代码的顺序是由上至下的，也就是说在这个例子中，首先是生成了一个100像素×100像素大小的画布，然后在画布中央绘制出一个半径为50像素大小的圆形，然后填入黑色，理解到这里想必你已经清楚了，fill(0)函数其实已经填充了黑色，但是它是为第四行代码（也许你会画个图形，也许你不会）进行了颜色填充，而并没有为第二行上的圆形进行颜色的填充。这里再在第四行填入另一个图形，选择绘制一个正方形，代码如下：

```
size(100,100);
ellipse(50,50,50,50);
fill(0);
rect(50,50,50,50);
```

这时我们会清楚地看到这个正方形被填充成了黑色。此时你也许会疑问圆形为什么被遮挡了（图3.2.6）。

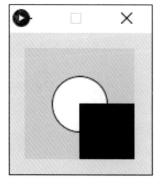

图3.2.6　第二个图形叠加的示例

你可以理解每一个图形都是一个图层，最先绘制的图形会在较低的图层，最后绘制的图形会在相对较高的图层，较高的图层会覆盖在较低图层的上面，从而出现叠加的效果。那如果想要同时观察到叠加状态下的圆形，该怎么办呢？我们需要用到fill()函数的另一种重载方式fill(gray,alpha)，通过alpha值来调整方形的透明度，就可以看到圆形了，alpha通道的取值范围在0~255，0为完全透明，255为不透明。我们现在加上alpha通道来继续完善代码（图3.2.7）：

```
size(100,100);
ellipse(50,50,50,50);
fill(0,127);
rect(50,50,50,50);
```

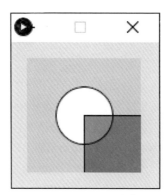

图3.2.7　设置alpha通道的示例

调整适当的alpha透明通道的值后，就能够看见被方形覆盖的圆形部分了，你还记得我们之前在讲解background()相关内容时留下的疑问吗？为什么background(gray,alpha)没有显示出透明的效果呢？因为它属于最底层的图层，透明度的调整对它并没有产生任何实质视觉上的影响（图3.2.8）。

```
size(100,100);
background(0,255,0,127);
ellipse(50,50,50,50);
fill(0,127);
rect(50,50,50,50);
```

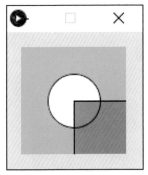

图3.2.8　同时设置alpha通道的示例

经过刚才一番推测，按照**background**()的方式来调用**fill**()函数成功了。那我们来看看**fill**()函数有哪些重载的方法吧：

- fill(gray);
- fill(gray, alpha);
- fill(r, g, b);
- fill(r, g, b, alpha);
- fill(rgb);
- fill(rgb, alpha);

gray代表着灰阶，数值控制着从黑色到白色；
r,g,b代表红色、绿色和蓝色；
rgb代表着color颜色类的对象数据类型；
alpha代表着透明通道，控制颜色的透明度。

这些函数的重载形式除了不能填充图片以外，其他的方式都与**background**()函数的重载形式和使用方式一模一样。我们现在将**fill**()函数的这些重载形式逐一使用（图3.2.9）。

```
color c = color(110,25,147);
size(500,500);
background(255);
fill(0,20);
```

```
ellipse(50,50,50,50);
fill(0,127);
rect(50,50,50,50);
fill(225,127,104);
rect(250,250,100,100);
fill(c,0);                    //这里的透明度设置成了最高
rect(150,100,100,100);
```

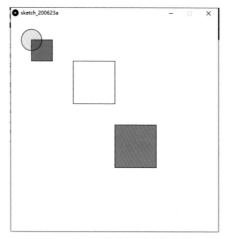

图3.2.9　fill()函数各形式的示例

现在请仔细查看图3.2.9中间白色的正方形，根据前面的代码可以知道，它并不是白色，只是因为透明度非常高而显现的画布颜色，只留有一个边框，让人产生错觉而已。之前谈论的都是怎么去填充颜色，这里再多讨论一下如何"取消"填充，这涉及noFill()函数，它不提供任何参数，写入的位置与fill()函数一样，都在绘制图形语句的前面。noFill()带来的效果是它所影响的图形不会有任何颜色的填充，只剩下边框能够看见，虽然与刚才示例代码中的fill(c,0)一行语句的视觉效果相同，但是实现原理却是完全不一样的（图3.2.10）。

```
color c = color(110,25,147);
size(500,500);
background(255);
fill(0,20);
ellipse(50,50,50,50);
fill(0,127);
rect(50,50,50,50);
fill(225,127,104);
rect(250,250,100,100);
noFill();                //这里使用了取消填充函数,不得传入任何参数
rect(150,100,100,100);
```

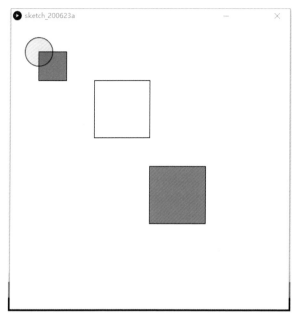

图3.2.10　noFill()函数的示例

现在的图形只剩下了边框，那边框能不能调整颜色呢？答案是肯定的，stroke()函数就是用来对边框颜色进行设定的，它的使用方法与background()函数和fill()函数一模一样，且存在一个与noFill()功能一样的函数——noStroke()，该函数用来取消边框的绘制，也不需要传入任何参数：

- stroke(rgb);
- stroke(rgb, alpha);
- stroke(gray);
- stroke(gray, alpha);
- stroke(r, g, b);
- stroke(r, g, b, alpha);
- noStroke();

学习到这里应该非常熟悉以上所讲到的函数该如何去使用了：

```
color c = color(110,25,147);
size(300,300);
background(255);
stroke(c);
fill(0);
rectMode(CENTER);
rect(150,150,100,100);
```

这里正方形的边框颜色为紫色，正方形为黑色，画布颜色为白色。但是现在却无法看清边框究竟是不是紫色，需要增加一行代码，改变边框的粗细程度，让边框更粗一些，更容易被看清，现在将strokeWeight(weight)函数写在第五行并向括号内填入一个整数，这里填入的值为10，意味着边框线有10个像素（图3.2.11）。

```
color c = color(110,25,147);
size(300,300);
background(255);
stroke(c);
strokeWeight(10);
fill(0);
rectMode(CENTER);
rect(150,150,100,100);
```

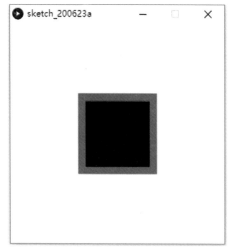

图3.2.11　stroke()与strokeWeight()函数的示例

现在可以将stroke()函数运用在点、线等没有面积的图形上进行颜色的填充，stroke()函数的基本用法已经全部讲述完毕。除了上述基础应用之外，关于线框的细节调整还涉及strokeCap(mode)和strokeJoin(mode)两个函数，它们分别影响线框的基本展现形式和拐点展现形式。

strokeCap(mode)有三种模式：SQUARE、PROJECT和ROUND，默认模式为ROUND。

strokeJoin(mode)有三种模式：MITER、BEVEL和ROUND，默认模式为MITER。

这些内容不属于本章范围，如果想了解更多具体内容请浏览以下网页：

https://www.processing.org/reference/strokeCap_.html。

https://www.processing.org/reference/strokeJoin_.html。

3.3 选择与表达颜色的方式

我们经常会直接通过给定RGB数值来决定颜色，这是一种进行颜色填充测试最快速的方法。Processing提供了十六进制数据表达颜色的机制，#000000—#FFFFFF代表着从黑色到白色，从左至右，每两位分别代表着R、G、B颜色的数值，也就是说每一种颜色对应的范围是#00—#FF，高位在左，低位在右，所以以左边是每种颜色的最高值，右边是每种颜色的最低值。例如#FF0000，代表着红色通道的最大值和最小值均为F，代表最亮的色相和饱和度，其他两个通道的数字为0，所以，在RGB模型中这个颜色为正红色。初学者在接触十六进制颜色的时候可能感觉非常难，其实可以通过简单的方法和公式快速算出十六进制数值所对应的颜色。

Processing提供了一个非常简便快捷的工具——颜色选择器（Color Selector），解决了不知道各种颜色对应的十六进制数值时的烦恼。打开工具栏，单击"颜色选择器"（图3.3.1），会出现"颜色选择器"对话框（图3.3.2）。

图3.3.1　通过工具菜单栏找到"颜色选择器"

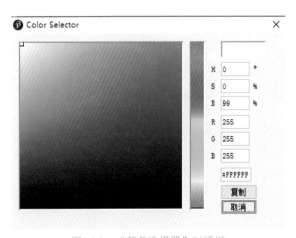

图3.3.2　"颜色选择器"对话框

颜色选择器的使用方法非常简单，可以直接在颜色界面内拖动鼠标，选择一个想要的颜色，同时右上角会显示此时选中的颜色，并给出HSB值和RGB值以及它对应的十六进制颜色编码，确定颜色后，单击"复制"按钮，然后回到程序中将该颜色的十六进制编码粘贴在前文所讲述的有关颜色填充的函数内就可以了。颜色选择器的使用避免了需要记住烦琐的颜色数值和编码，提高工程效率，将更多的时间用于艺术创作和DEBUG的过程。

3.4 图片颜色

本节，我们将要介绍和学习图像的颜色处理。每一张图片都是由RGBA四个通道组成的，当四个通道中的颜色相互叠加的时候，就形成了一张图片本身的色彩。在Processing中提供了PImage类用来处理图片的相关信息。我们先准备一张图片，这里图片像素大小为535×300，意思是图片的宽度为535个像素点，高度为300个像素点。我们载入图片至data文件夹，并通过PImage类的image(img,x,y,width,height)方法显示图片，再使用相关方法对图片进行处理，分别打印出它的RGBA通道值（图3.4.1），代码如下：

```
PImage img;

void setup() {
  size(535,300);                         //与图片像素大小一致
  img = loadImage("swim.png");
  image(img,0,0,535,300);                //显示图片
  int [][] readValues = new int [img.width][img.height];
  for (int i = 0; i<img.width; i++) {
    for (int j = 0; j<img.height; j++) {
      readValues[i][j] = img.get(i, j);
          //分离出各个像素点的R通道数值
      float red = red(readValues[i][j]);
          //分离出各个像素点的G通道数值
      float green = green(readValues[i][j]);
          //分离出各个像素点的B通道数值
      float blue = blue(readValues[i][j]);
          //分离出各个像素点的A通道数值
      float alpha = alpha(readValues[i][j]);
      println("正在打印第" + i + "列" + "第" + j + "行红色数值: " +
      red);
      println("正在打印第" + i + "列" + "第" + j + "行绿色数值: " +
      green);
```

```
    println("正在打印第" + i + "列" + "第" + j + "行蓝色数值: " +
    blue);
    println("正在打印第" + i + "列" + "第" + j + "行透明蓝色数值: " +
    alpha);
    }
  }
}

void draw() {
}
```

以上涉及较复杂的代码现在只需照抄即可。

图3.4.1　打印图片各个像素点的RGBA数值

　　以图3.4.1中红色线框为例，打印了这张图片从左往右数第66列，从上往下数第7行的一个像素点的RGBA通道的值，这里数据显示这一位置的像素点R通道数值为4.0，G通道数值为150.0，B通道数值为175.0，Alpha通道数值为255.0（不透明），我们将这个数值输入颜色选择器，查看这组数值对应的颜色（图3.4.2）。

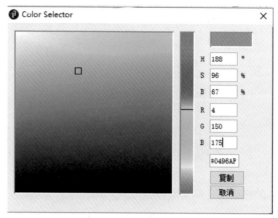

图3.4.2　图片中第66列第7行的像素点RGB数值所对应的颜色

　　换言之，图片中的每一个像素点都是通过RGBA通道数值相互叠加产生的。这里暂且简单地提一下像素，在3.6节会继续深入讲解，这里是为了能够更好地理解PImage类是如何对图片颜色进行处理的。对图片颜色进行改变的函数有tint()、fill()和stroke()一样，存在一个取消填充的函数noTint()我们一起来看看tint()函数有哪些重载方法。

- tint(gray);
- tint(gray, alpha);
- tint(rgb);
- tint(rgb, alpha);
- tint(r,g,b);
- tint(r,g,b,alpha);

　　这些重载方法看上去是不是特别熟悉，它们的参数个数和参数位所传递的值与fill()、stroke()和background()一模一样。如果你已经熟悉了上述三个函数的使用方法，对于tint()函数的使用就已经轻车熟路了（图3.4.3）。

图3.4.3　通过tint()函数对图片中的RGB通道颜色进行修改填充

```
PImage img;

void setup() {
  size(535,300);
```

```
img = loadImage("swim.png");
//tint(255,0,0,127);
//tint(0,255,0,127);
tint(0,0,255,127);                //填充蓝色，半透明
image(img,0,0);
}

void draw() {
}
```

3.5 文本颜色

这里的文本并不是指在文本控制台打印输出的调制信息，而是指在**画布中出现或展现的文字信息**，例如图3.5.1所示。

图3.5.1　在画布中显示文本信息的示例

文本处理在Processing中不算复杂，通过text()函数进行调用即可，该函数拥有9种重载方法，虽然重载的方法非常多，但都极其相似：

- text(c, x, y);
- text(c, x, y, z);
- text(str, x, y);
- text(chars, start, stop, x, y);
- text(str, x, y, z);
- text(chars, start, stop, x, y, z);
- text(str, x1, y1, w, h);
- text(num, x, y);
- text(num, x, y, z);

c代表着单个字符;

str代表着字符串;

chars代表着字符数组;

num代表着整数或浮点数;

x,y,z分别代表着文本在画布中的坐标位置;

x1,y1,w,h分别代表着文本的坐标、宽度和高度;

start和stop分别代表着字符数组始与终的位置。

在本小节中我们重点关注text(str,x, y, w, h)这一重载形式。先将如下代码输入并运行。

```
PFont font;

void setup() {
  size(200,200);
  font = loadFont("AgencyFB-Bold-48.vlw");
  textFont(font);
  textSize(32);
  textAlign(CENTER);
  text("I Love Processing",0,80,200,200);
}
void draw() {

}
```

这一段代码更多地是对字体的样式、大小、格式等属性进行了设置。在Processing中对字体的管理是通过PFont类实现的,该类提供了许多管理字体的方法。我们首先创建一个PFont类对象font,再通过loadFont()函数读入字体,那这些字体又是如何被选择到工程中去的呢?是通过字体选择器来创建字体(图3.5.2),然后该字体的vlw文件会被复制到工程的data文件夹中,通过相关函数完成加载调用,效果如图3.5.3所示。

图3.5.2　单击"工具"菜单栏选择"创建字体"

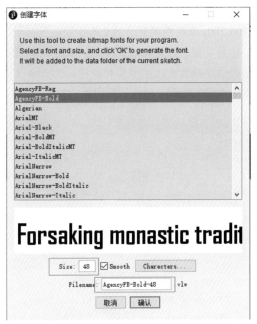

图3.5.3 创建字体

单击"创建字体"后会出现一个选择字体的对话框，选择一个喜欢的字体，在"Size"属性栏中设定字体大小，然后复制"Filename"一栏中的字体文件名，单击"确认"按钮，字体此时已经加载成功。

在文本编辑区通过代码font = loadFont("AgencyFB.Bold.48.vlw");将刚刚创建的字体载入font对象中（字体名字建议粘贴，避免额外的错误），此时在工程的上下文里，font对象就代表着AgencyFB.Bold.48.vlw这个字体，也就是说通过对font对象的操作，我们能够对其相关属性进行操作。

将字体对象传入textFont(font)，**用来将字体对象设置成文本即将要用到的字体**。该方法还有另一种重载方式：textFont(font,fontSize)，如果并不对第二个参数位的字体大小进行设置的话，将使用创建字体时的默认大小。当然，也可以通过textSize(fontSize)来单独设置字体大小。

如果不想文本在画布中的位置出现偏差，可以通过textAlign(align_x)来限定文本格式居中，align_x可以设置为CENTER、LEFT和RIGHT来调整文本在x轴方向上的段落位置。既然能调整x轴，那必然也能调整y轴，所以textAlign()还有另一个重载方法textAlign(align_x,align_y)，align_y可以设置为TOP、BOTTOM、CENTER和BASELINE来调整文本在y轴方向上的位置，当textAlign()的第二个参数没有给定时候，y轴方向段落格式默认调用BASELINE基准线模式[1]。

---

1. 更多关于textAlign()方法模式的参考，请访问：https://www.processing.org/reference/textAlign_.html。

文本字体属性的相关设置工作已经全部完成了，现在需要显示字体，通过 text("I Love Processing",0,80,200,200);来将想要显示的文本绘制在画布上，第一个参数位给定一个字符串类型的内容，这是要显示在画布上的文本；第二和第三参数位是设置文本的坐标位置；第四和第五参数位是设置文本的宽度和高度。因为字体也是有面积的，所以这里选择颜色的填充函数是fill()而不是stroke()，这里填入红色，完整代码如下：

```
PFont font;

void setup() {
  size(200, 200);
  font = loadFont("AgencyFB-Bold-48.vlw");
  textFont(font);
  textSize(32);
  textAlign(CENTER);
  fill(255,0,0);
  text("I Love Processing",0,80,200,200);
}

void draw() {
}
```

运行效果如下（图3.5.4）。

图3.5.4　文本颜色填充效果的示例

3.6 灵活的像素

在3.4小节我们初步介绍了像素。图片上每一个像素点的颜色都是同一坐标且在

RGBA不同通道上的数值叠加而成的。在开始对像素进行操作之前我们先要了解两对函数，第一对函数是loadPixels()和updatePixels()，它们的作用是用来读取画布上的像素点并将它们放入pixels[]数组内和更新画布上的像素点，只要是对像素进行处理，它们就会被使用，并且是成对使用，对像素处理的代码就放在这一对函数之间。另一对函数是get(x,y)和set(x,y,color)，get(x,y)函数是读取画布上某一坐标点像素的颜色，读取到的颜色分为RGBA四个通道，set(x,y,color)函数是在画布上的某一坐标点进行像素级别的颜色操作。为了更加深刻地理解像素，我们先从灰阶开始，在画布上构建多个随机像素点，这里需要用到random()函数随机创建像素点的*x*轴坐标、*y*轴坐标和颜色数值（图.3.6.1）。

图3.6.1　画布像素灰阶颜色填充效果的示例

```
int x,y,c;              //声明坐标位置变量和颜色变量

void setup() {
  size(200,200);
  background(0);
}


void draw() {
//坐标位置变量和颜色变量被赋予随机值
  x = (int)random(0,200);
  y = (int)random(0,200);
  c = (int)random(0,255);
//在随机像素点位置，填充随机灰阶颜色
  set(x,y,color(c));
}
```

将以上代码运行后观察结果，你会发现画布上不断出现白色小点，出现的颜色有强有弱，如同点点繁星。绘制出每一个白色点的位置，实质上是通过将画布的RGBA通道的

值全部修改成了0~255之间的随机数值，每一个白点就是之前组成黑色画布的像素点，这个画布是200像素×200像素，即40000个像素点组成的。如果依靠随机将整个画布改变成白色的话，将是非常困难的，当然，整个画布上的任意一个像素颜色都是可以被修改的，只是随机充满太多的不确定性。为了印证我们对于像素的理解是否准确到位，将通过另一个例子进行理解（图3.6.2）。

图3.6.2　画布像素"间隔"颜色渐变效果的示例

　　将上例的代码进行修改，将随机被修改的像素点颜色变得有序被修改，这里的思路是改变从第1行的第1、3、5、7、…、199列，第3行的第1、3、5、7、…、199列，一直到第199行的第1、3、5、7、…、199列的像素点颜色，简单来说就是每隔一个像素点改变一次颜色，当一行像素点的颜色修改完成后，隔一行开始重复进行修改。

```
void setup() {
  size(200,200);
  background(0);
}

void draw() {
  //让x坐标点实现"隔一个"的效果
  for (int x = 0; x < width; x+=2) {
  //让y坐标点实现"隔一个"的效果
    for (int y = 0; y < height; y+=2) {
  //把x,y的值送入坐标参数,同时也将它们的值当作颜色值传入
      set(x,y,color(x,y,x%(y+1)));
    }
  }
}
```

　　我们能够看到画布中出现了"颗粒感"，这种视觉效果的出现是因为像素点之间

存在间隔。我们将每个像素点都设置了与众不同的颜色，因为它们的颜色数据是来源于x,y的值，同时x和y的值是不断增加的，所以像素点颜色出现了渐变的效果，这里并没有演示增加alpha通道后的效果，可以尝试在color()函数里增加一个参数来改变alpha通道的值，观察区别，这里并不用纠结for是什么，只需要正确理解像素是什么即可。

我们现在已经成功地运用像素点将画布填充上"五彩缤纷"的颜色，那么新的问题又出现了，图片也是由像素构成的，那是不是可以任意操作图片的像素了？答案是肯定的！进行到这里，能否先自行结合之前的知识，选择一张图片进行像素的操作呢？记得把画布大小改成与图片像素大小一致。

我相信你已经成功地对图片像素进行了操作，不管结果如何，结合先前经验去尝试解决不确定的问题，在学习过程中是非常重要的。现在一起来运行以下代码：

```
PImage img;

void setup() {
  //记得将画布大小设置与图片大小一致
  size(535,300);
  //记得载入你准备好的图片
  img = loadImage("swim.png");
  background(0);
}

void draw() {
  img.loadPixels();
  for (int x = 0; x<img.width; x++) {
    for (int y = 0; y<img.height; y++) {
      color c = img.get(x,y);
      float red = red(c);
      float green = red(c);
      float blue = red(c);
      float new_red = 255 - red;
      float new_green = 255 - green;
      float new_blue = 255 - blue;
      set(x,y,color(new_red,new_green,new_blue,255));
    }
  }
  img.updatePixels();
}
```

看看图片像素处理的前后对比（图3.6.3）。

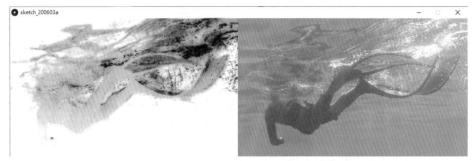

图3.6.3　图片像素处理的对比示例

把之前学习的图形和像素结合起来进行应用（图3.6.4），可以自己先尝试实现下面的效果（图.3.6.4）。

图3.6.4　图形与像素结合的示例

整体实现的思路是通过读取图片[1]每10个像素点间隔的颜色，填充给正方形，正方形的位置由图片中被调用的像素位置决定，整体代码如下：

```
PImage img;
void setup() {
  size(1280,854);
  img = loadImage("view.jpg");
  background(0);
}

void draw() {
  img.loadPixels();
  for (int x = 0; x< img.width; x+=10) {
    for (int y = 0; y< img.height; y+=10) {
      color c = img.get(x,y);
      fill(c);
      rectMode(CENTER);
```

1.　图片来源自百度图片。

```
      rect(x,y,20,20);
    }
  }
  img.updatePixels();
}
```

该效果也能通过如下代码实现：

```
PImage img;
void setup() {
  size(1280,854);
  img = loadImage("view.jpg");
  background(0);
}

void draw() {
  img.loadPixels();
  for (int x = 0; x< img.width; x+=10) {
    for (int y = 0; y< img.height; y+=10) {
      color c = img.pixels[x+y*img.width];
      fill(c);
      rectMode(CENTER);
      rect(x,y,20,20);
    }
  }
  img.updatePixels();
}
```

在讲解图片像素处理代码之前需要继续加深理解loadPixels()和updatePixels()，通过上例知道处理图片也是会用到这两个方法的。通过img.loadPixels();来读取图片的所有像素点信息，处理图片像素信息后，再通过img.updatePixels();将修改后的像素信息更新在画布上。上述例子中，通过遍历和img调用其get()方法（img.get(x,y);）将图片中的每一个像素点的颜色取出，并按照RGB通道分开（因为这张图片没有透明通道，所以我们不必去改变A通道的值），进行值的取反后（255-通道的值），变成新的通道值，设置在画布上。大家可能会以为是把图片进行了处理，其实不然，过程实质是把照片上的所有像素点的信息复制、处理后，在画布上重新画了一遍，这里的操作并不影响图片本身。

细心的你一定发现了问题，我们在上面的例子里用到了img.loadPixels();和img.updatePixels();，而之前所说loadPixels()和updatePixels()却一直没有提及，**它们之间的根本区别是前者用来读取和更新图片的像素到画布上，后者用来直接读取和更新画布上的像素**，我们将图3.6.1和图3.6.2示例中加上loadPixels()和updatePixels()后，发现画布变成了黑色，这是因为对画布上的像素点信息进行操作处理时，是需要用到pixels[]数组的，它的作用是将画布上的所有像素信息放到了一个数组当中，在处理好这个数据之后，把 pixels[]数组里的数据更新，数据会通过updatePixels()函数更新到画布上。这里为大家提供一个公式：

```
pixels[x+width*y];
```

这个公式解读是定位整个画布中的任意一个像素点，x代表着横轴方向的坐标值，y代表着纵轴方向的坐标值，有了这个公式，我们就能够对画布上的任意一个像素点进行任意操作。现在通过x和y两个变量的逐步自加的值，对画布进行随机颜色的填充（图3.6.5）。随着x坐标值的不断增加，会超出画布范围，所以这里对x的值进行了判断和限制，当x的值大于了画布的时候，我们需要换行，同时将x此时的位置设置到第一列。

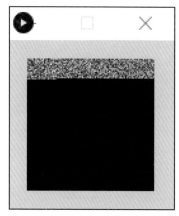

图3.6.5　画布像素处理的示例

```
int x,y;

void setup() {
  size(100,100);
  background(0);
}

void draw() {
  //随机产生RGB颜色数值
  float red = random(255);
  float green = random(255);
  float blue = random(255);
  loadPixels();
  if (x > width) {
    y++;    //当x超出画布时候,换行
```

```
    x = 0;      // 换行之后，将x重新设置为第1列
  }
  pixels[x+width*y] = color(red,green,blue);
  updatePixels();
  x++;
}
```

这里只对x进行了限制，对y却没有，在理解了代码和实现原理之后，你能否对y的数值进行相关处理呢？

当你处理完了画布上的像素之后，千万别忘了用updatePixels()函数将画布上的像素信息进行更新。

我们已经学习了关于像素处理的全部方法，如果想对像素继续强化学习，可以访问我在"Processing和arduino"微信公众号里撰写的关于像素的讲解推文，https://mp.weixin.qq.com/s/naA7Ai4AVWvi.tlh19hNow，将里面的所有示例进行复现。

第**4**章 分支语句

    分支语句是最基础也最重要的逻辑控制语句，是我们学习Processing过程中使用最频繁的语句之一。分支语句是通过条件进行判定程序应该做什么或不应该做什么，比如一辆汽车行驶到了十字路口，它到底是应该直行还是拐弯，还是停留在原地？它的继续行驶与否的判断标准，来自于交通指示灯的信息呢，还是来自于道路状况呢？这一系列的问题都是从一个条件进行判断，从判断的结果来决定到底该选择哪种行为，这就是分支语句能够做到的逻辑控制。

4.1 运算符

在学习分支语句之前，我们需要掌握一些与"逻辑"有关的内容，就是运算符，运算符分为算术运算符、关系运算符、位运算符、逻辑运算符和赋值运算符。现在我们来了解一下运算符。

4.1.1 算术运算符

算术运算符有"+""-""*""/""%""++""--"七种。

"+"符号代表着加法操作，例如：

```
int a = 10;
int b = 5;
int c = a + b;
println("c的值为 : " + c);
```

"-"符号代表着减法操作，例如：

```
int a = 10;
int b = 5;
int c = a - b;
println("c的值为 : " + c);
```

"*"符号代表着乘法操作，例如：

```
int a = 10;
int b = 5;
int c = a * b;
println("c的值为 : " + c);
```

"/"符号代表着除法操作，例如：

```
int a = 10;
int b = 5;
int c = a / b;
println("c的值为 : " + c);
```

"%"符号代表着取余数操作，例如：

```
int a = 10;
int b = 5;
int c = a % b;
println("c的值为 : " + c);
```

"++" 符号代表着自加操作，例如：

```
int a = 10;
a++;      //后自加
Println("a后自加的值为：" + a);
++a;      //前自加
println("a前自加的值为：" + a);
```

自加运算符分为：后自加和前自加，后自加意味着变量a先参与运算，再自加1；前自加意味着变量a先自加1之后，再参与运算。

"−−" 符号代表着自减操作，例如：

```
int a = 10;
a--;       //后自减
println("a后自减的值为：" + a);
--a;       //前自减
println("a前自减的值为：" + a);
```

自减运算符分为：后自减和前自减，后自减意味着变量a先参与运算，再自减1；前自减意味着变量a先自减1之后，再参与运算。

4.1.2 关系运算符

关系运算符有 "=="""!=""">""">=""" "<""" "<=" 六种。
"==" 符号代表两边的操作的数值是否相等，如果相等返回真值，例如：

```
int a = 10;
int b = 5;
boolean result = (a == b);
println("result 的值为：" + result );
```

"!=" 符号代表两边的操作数的值是否不相等，如果不相等返回真值，例如：

```
int a = 10;
int b = 5;
boolean result = (a != b);
println("result 的值为：" + result );
```

">" 符号代表左边的操作数的值是否大于右边操作数的值，如果是，则返回真值，例如：

```
int a = 10;
int b = 5;
```

```
boolean result = (a > b);
println("result 的值为 : " + result );
```

"＞=" 符号代表左边的操作数的值是否大于或等于右边操作数的值，如果是，则返回真值，例如：

```
int a = 5;
int b = 5;
boolean result = (a >= b);
println("result 的值为 : " + result );
```

"＜" 符号代表左边的操作数的值是否小于右边操作数的值，如果是，则返回真值，例如：

```
int a = 3;
int b = 5;
boolean result = (a < b);
println("result 的值为 : " + result );
```

"＜=" 符号代表左边的操作数的值是否小于或等于右边操作数的值，如果是，则返回真值，例如：

```
int a = 3;
int b = 5;
boolean result = (a <= b);
println("result 的值为 : " + result );
```

4.1.3 位运算符

位运算符有 "&" "|" "^" "~" "<<" ">>" ">>>" 七种，位运算符是属于二进制的数位操作。

"&" 符号代表按位 "与" 运算，如果对应位的值都是1，则结果为1，否则为0，例如：

```
a = 0011 1101
b = 0000 1001
a & b = 0000 1001
```

"|" 符号代表按位 "或" 运算，如果对应位的值都是0，则结果为0，否则为1，例如：

```
a = 0011 1101
b = 0000 1001
a | b = 0011 1101
```

"^"符号代表按位"异或"运算，如果对应位的值相同，则结果为0，否则为1，例如：

```
a = 0011 1101
b = 0000 1001
a | b = 0011 0100
```

"~"符号代表按位"取反"运算，若位数值为0，则改变成1，若位数值为1，则改变成0，例如：

```
a = 0011 1101
b = 0000 1001
~a的值等于 1100 0010
~b的值等于 1111 0110
```

"<<"符号代表按位"左移"运算，左移的位数由右边操作数的值决定，例如：

```
a = 0011 1101
a << 2
a左移后的值等于 1111 0100
```

">>"符号代表按位"右移"运算，右移的位数由右边操作数的值决定，例如：

```
a = 0011 1101
a >> 2
a右移后的值等于 1111
```

">>>"符号代表按位"右移补零"运算，右移的位数由右边操作数的值决定，空缺位数的值填上0，例如：

```
a = 0011 1101
a >>> 2
a右移后的值等于 0000 1111
```

4.1.4　逻辑运算符

逻辑运算符有"&&""||""！"三种。

"&&"符号代表逻辑"与"运算，当且仅当左右两边操作数的值为真时，返回条件即为真，例如：

```
int a = 3;
int b = 5;
boolean result = (a > 0  && b > 0);
println("result 的值为 : " + result );
```

"||"符号代表逻辑"或"运算，当左右两边操作数的值任意一个为真时，返回条件即为真，例如：

```
int a = 3;
int b = 5;
boolean result = (a > 0  || b < 0);
println("result 的值为 : " + result );
```

"!"符号代表逻辑"反"运算，用来翻转操作数的逻辑状态，如果逻辑为true，则逻辑反运算后为false，例如：

```
int a = 3;
boolean result = (!a > 0);
println("result 的值为 : " + result );
```

4.1.5　赋值运算符

赋值运算符有"="、"+="、"-="、"*="、"/="、"%="、"<<="、">>="、"&="、"^="、"|="十一种。

"="符号代表着赋值操作，将右边操作数的值，赋给左边变量，例如：

```
int a = 10;
int b = 5;
println("a的值为 : " + a);
println("b的值为 : " + b);
```

"+="符号代表着加和赋值操作，它的作用是左操作数和右操作数相加赋值给左操作数，例如：

```
int a = 10;
a += 5;
```

等同于：

```
a = a + 5;
println("a的值为 : " + a);
```

"-="符号代表着减和赋值操作，它的作用是左操作数和右操作数相减赋值给左操作数，例如：

```
int a = 10;
a -= 5;
```

等同于：

```
a = a - 5;
println("a的值为 : " + a);
```

"*="符号代表着乘和赋值操作，它的作用是左操作数和右操作数相乘赋值给左操作数，例如：

```
int a = 10;
a *= 5;
```

等同于：

```
a = a * 5;
println("a的值为：" + a);
```

"/="符号代表着除和赋值操作，它的作用是左操作数和右操作数相除赋值给左操作数，例如：

```
int a = 10;
a /= 5;
```

等同于：

```
a = a / 5;
println("a的值为：" + a);
```

"%="符号代表着取模和赋值操作，它的作用是左操作数和右操作数取余数，再赋值给左操作数，例如：

```
int a = 10;
a %= 5;
```

等同于：

```
a = a % 5;
println("a的值为：" + a);
```

"<<="符号代表着左移位赋值运算操作，它的作用是左操作数（二进制）按右操作数的值向左移位，再赋值给左操作数，例如：

```
int a = 10;
a <<= 5;
```

等同于：

```
a = a << 5;
println("a的值为：" + a);
```

">>="符号代表着右移位赋值运算操作，它的作用是左操作数（二进制）按右操作数的值向右移位，再赋值给左操作数，例如：

```
int a = 10;
a >>= 5;
```

等同于：

```
a = a >> 5;
println("a的值为：" + a);
```

"&="符号代表着按位与赋值运算操作，它的作用是左操作数（二进制）用右操作数的值进行按位与，再赋值给左操作数，例如：

```
int a = 10;
a &= 5;
```

等同于：

```
a = a & 5;
println("a的值为：" + a);
```

"^="符号代表着按位异或赋值运算操作，它的作用是左操作数（二进制）用右操作数的值进行按位异或，再赋值给左操作数，例如：

```
int a = 10;
a ^= 5;
```

等同于：

```
a = a ^ 5;
println("a的值为：" + a);
```

"|="符号代表着按位或赋值运算操作，它的作用是左操作数（二进制）用右操作数的值进行按位或，再赋值给左操作数，例如：

```
int a = 10;
a |= 5;
```

等同于：

```
a = a | 5;
println("a的值为：" + a);
```

4.2 if语句

通过if关键字引导的语句，就是分支语句，也称为流程控制语句、逻辑控制语句。在之前的章节里我们曾经使用过if语句，但并没有进行解释，这一节我们会对它进详细地讲解，首先，它的功能实现有着固定的格式：

```
if(条件判断){

//条件为真时要执行的代码

}
```

if引导的分支语句组成还包括一对小括号和一对大括号，小括号中放置的是判断条件，大括号中放置的是当条件判断结果为真的时候，需要执行的代码。

这里定义一个整型变量a，并将它赋值为10，通过if语句进行条件判断当a大于5的时候，需要执行一个打印输出语句（图4.2.1）。

```
int a = 10;

if(a > 5){
  println("a是大于5的！ ");
}
```

图4.2.1　if分支语句的示例

if语句中小括号内的条件这个时候是满足的，因为a变量内存储的数字是10，而进行条件判断的时候，只要a大于5就可以了，a > 5的条件返回值为真，所以大括号内的代码可以被正常执行，故能看见一条打印输出的语句。

结合之前学习的运算符，我们继续完成以下示例：对一个班级的考试成绩进行分类，90分以上为优秀，80～89分为良等，70～79分为中等，60～69分为差等，60分以下为不及格。

我们先定义一个随机数作为考试成绩，将随机数的取值范围限制在50～101，因为random(50,101)函数为半开半闭区间，下限区间是闭区间，设置为50；上限区间是开区间，设置为101，所以随机数上限并不包含101，最高取值为100。

```
float scores = random(50,101);
println("随机产生的分数为：" + scores);
```

```
if(scores >= 90){
  println("成绩为优秀");
}
if(scores >= 80 && scores <= 89){
  println("成绩为良");
}
if(scores >= 70 && scores <= 79){
  println("成绩为中");
}
if(scores >= 60 && scores <= 69){
  println("成绩为差");
}
if(scores < 60){
  println("成绩为不及格");
}
```

运行效果如下（图4.2.2）：

图4.2.2　if分支语句分类的示例

这里多个if语句的连用将不同的分数阶段进行了分档，不同的情况进行了不同的处理，能够让逻辑更加的清晰，对不同情况的针对性、操作性更强。当你遇到不同的情况需要处理的时候，运用if分支语句将不同的情况进行分类处理，是最好的选择。

结合之前学习的图形、颜色等内容，请一起尝试完成以下示例：让一个图形从画布左侧开始运动至画布右侧，当图形运动到画布右侧的时候，再让图形从左侧出发。

```
float x = 50;

void setup(){
  size(500,100);
}

void draw(){
  background(0);
  fill(255,0,0);
  ellipse(x,50,50,50);
  x++;
  if(x > width){
```

```
    x = 0;
  }
}
```

运行效果如下（图4.2.3）：

图4.2.3　图形运动条件判断的示例

这里将圆形的坐标点设置为50个像素，而不是0，是因为想完整地在画布上显示出图形，将圆形的半径大小考虑在内，通过x变量的自加运算完成圆形的左边变化，当圆形的位置超出了画布大小的时候，将其位置归零，即画布左侧以外。

4.3 if语句的嵌套

if语句的嵌套，顾名思义是由两层及以上的if语句进行套用的形式，语法、用法上并没有任何改变，只是在一个if语句里嵌套了另一个if语句。

```
if(条件判断){
  if(条件判断){
    //条件为真时要执行的代码
    //这里可以写入更多层的if语句
  }
}
```

当第一层的if条件判断结果为真时，才能进入第二层的if条件判断，以此类推。

4.4 if…else…语句

if…else…语句相比于if语句来说，对不同的情况有着更为全面的考虑，因为它考虑到了如果不满足if条件判断时，应该执行什么样的代码，应该做出什么样的反应，它的形式如下：

```
if(条件判断){
//条件为真时要执行的代码
}else{
//条件为假时要执行的代码
}
```

往往当结果只有两种的时候，例如"对与错""真与假""好与坏""是与非"等，更加倾向于选择if…else…语句（图4.4.1）。

```
float x = random(50,101);
if (x >= 60) {
  println("合格");
} else {
  println("不合格");
}
```

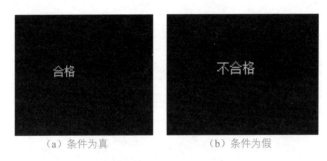

（a）条件为真　　　　　　　　　　（b）条件为假

图4.4.1　if…else…条件判断的示例

上例中不仅处理了分数大于或等于60分的情况，还对小于60分的情况做出了处理。

4.5 if…else if…语句

if…else…语句虽然逻辑更加清晰，但只能对两种情况进行区分，如果面临更多条件的筛选，并不是特别合适，而if…else if…语句更为适合解决多条件的筛选工作。我们将4.2小节中的班级分数分类的代码更改成if…else if…语句的形式，虽然程序运行结果是一样的，但是结构上更加清晰，逻辑上的可读性也大大增强。

```
float scores = random(50,101);
println("随机产生的分数为：" + scores);
```

```
if(scores >= 90){
  println("成绩为优秀");
}else if(scores >= 80 && scores <= 89){
  println("成绩为良");
}else if(scores >= 70 && scores <= 79){
  println("成绩为中");
}else if(scores >= 60 && scores <= 69){
  println("成绩为差");
}else if(scores < 60){
  println("成绩为不及格");
}
```

我们再对4.2小节中圆形运动的示例进行改进，新设置一个y变量，用来控制圆形的纵向运动，使得圆形在运动至画布的最右侧时，不仅在横向上回归到画布左侧以外，还需要它在画布的纵向上进行运动（图4.5.1）。

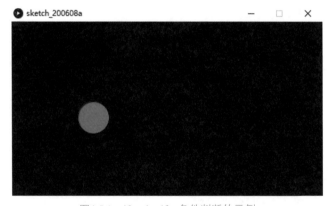

图4.5.1　if…else if…条件判断的示例

```
float x = 50;
float y = 50;

void setup(){
  size(500,300);
}

void draw(){
  background(0);
  fill(255,0,0);
  ellipse(x,y,50,50);
  x++;
  if(x > width){
    x = 0;
```

```
    y+=100;
  }else if(y > height){
//当圆形在纵向运动上超出画布范围时，将其纵向坐标重新设置为50
    y = 50;
  }
}
```

4.6 三目运算符

三目运算符可以看作是if···else···语句的简写形式：

(a > b)?a:b;

可以理解为，"a是否大于b？"，如果是，那么返回a的值，如果不是，则返回b的值（图4.6.1）。

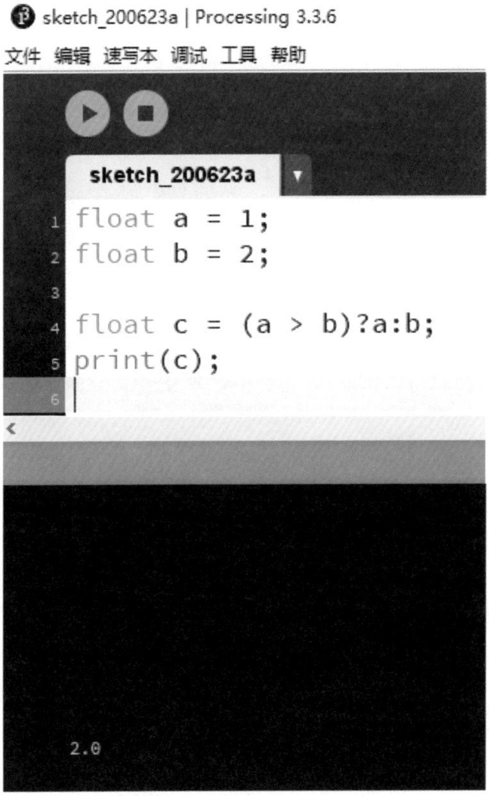

图4.6.1　三目运算式的示例

```
float a = 1;
float b = 2;

float c = (a > b)?a:b;
print(c);
```

以上的代码如果理解起来有困难，可以结合以下形式去理解，因为它们的逻辑是一样的，只是表现形式不同：

```
float a = 1;
float b = 2;
float c = 0;

if(a > b){
c = a;
}else{
c = b;
}
print(c);
```

4.7 switch语句

switch语句是另一种常用的分支语句，它拥有更加清晰的结构，非常适用于极多条件判断的情形，它的语法格式为：

```
switch(expression) {
case value1 :
  //当 expression的值与value1相等时候，所执行的代码
......
  break;
case value2 :
  //当 expression的值与value2相等时候，所执行的代码
......
  break;
......
  //可以有若干个case分支
default :
  //语句
  }
```

switch 语句是由switch关键字引导的条件判断，并通过case关键字进行分支的逻辑控制语句，expression的变量类型可以是byte、short、int、char和字符串类型。一个 switch 语句可以拥有多个 case 语句，每个case 后面需要一个表明条件结果的值和冒号，这个值的数据类型必须与变量的数据类型相同。

只有当变量expression的值与 case 语句的value1的值相等时，case关键字引导的分支语句之后的内容才开始执行，直到遇见 break 关键字[1]，才会跳出 switch 语句。**如果忘记了写 break 语句，程序会继续执行下一条 case 分支语句，直到遇到 break 语句。**

switch 语句还存在一个 default 分支，default分支是在所有case分支语句条件都不被满足的情况下执行的，它不是必须要写上的分支，**且default 分支并不需要 break 语句。**

请看以下示例，我们通过键盘的a,b,c三个按键来控制是否在画布上绘制不同颜色的圆形，如果按了这三个按键之外的任何键，将会在画面中间出现"Welcome"的字样（图4.7.1）。

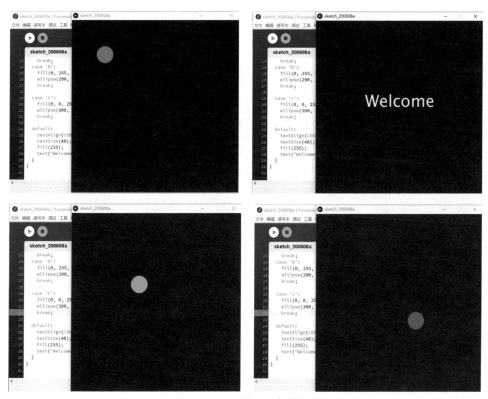

图4.7.1　switch分支语句的示例

实现代码如下：

---

1. break关键字意为跳出当前执行的循环语句，在第7章会讲解，这里可以理解为当条件满足被触发时，断开其他条件触发的可能性并执行满足了条件的case分支里的代码。

```
void setup() {
    size(500,500);
}

void draw() {
    background(0);

    switch(key) {
    case 'a':
        fill(255,0,0);
        ellipse(100,100,50,50);
// 当按下键盘上a键的时候，在坐标( 100，100 )的位置绘制一个红色圆形
        break;
// 千万不要忘记break关键字
    case 'b':
        fill(0,255,0);
        ellipse(200,200,50,50);
        break;
// 当按下键盘上b键的时候，在坐标( 200，200 )的位置绘制一个红色圆形
    case 'c':
        fill(0,0,255);
        ellipse(300,300,50,50);
        break;
// 当按下键盘上c键的时候，在坐标( 300，300 )的位置绘制一个红色圆形
    default:
        textAlign(CENTER);
        textSize(48);
        fill(255);
        text("Welcome",width/2,height/2);
    }
}
```

第5章 基础互动

　　互动是学习Processing最核心的特点，使枯燥平淡的代码能够带来视觉和体验上的冲击和乐趣，会让你充满继续学习下去的信心。代码和平台只是载体和实现艺术创想的手段，而核心依旧是艺术创想力，科技创造艺术，艺术融入科技。本章主要涉及鼠标互动、键盘互动、声音互动和影像互动，这些互动是比较基础的互动形式，也是必须要学习和掌握的。

5.1 鼠标互动

鼠标互动是基础互动之一，也是使用频率最高的进行互动效果测试的方式之一。我们先学习如何实时读取鼠标指针在画布上的坐标数据。这里涉及Processing的**静态**与**非静态**模式，其实这两种模式从形式上非常好区分，如果程序调用了void setup()和void draw()函数作为入口的话，那么就调用了非静态模式，非静态模式需要void setup()和void draw()函数同时调用。**在程序运行伊始，写在setup()函数中的代码，在执行一次之后就不会再执行，接着执行draw()函数中的代码，按照每秒60次左右的速率执行。**没有调用void setup()和void draw()函数作为入口的程序，被称为静态模式。所以如果想实时读取鼠标指针在画布上的坐标数据，我们需要使用非静态模式对鼠标指针在画布上的坐标点进行实时刷新和读取。

Processing的内建关键字mouseX,mouseY,pmouseX,pmouseY是用来读取鼠标指针坐标信息的，其中pmouseX,pmouseY是用来读取上一帧时鼠标指针的坐标位置的，mouseX,mouseY是用来读取此时鼠标指针的坐标位置的（图5.1.1）。

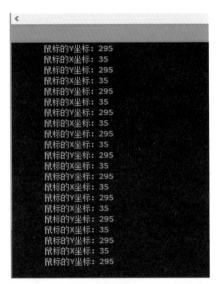

图5.1.1 实时读取鼠标指针坐标数据的示例

```
void setup() {
  size(300,300);
}
void draw() {
  println("鼠标的X坐标：" + mouseX);
  println("鼠标的Y坐标：" + mouseY);
}
```

上例中通过打印语句分别将鼠标指针的**X**和**Y**坐标点的值进行了实时输出。这里需要注意的是，只能读取并输出鼠标指针在画布上的坐标数据，如果鼠标指针逃离画布以外，则无法读取和显示鼠标指针的相关数据。

pmouseX,pmouseY是用来读取上一帧鼠标指针的坐标位置的，在许多涉及关于鼠标指针位置关键字的互动案例中，我们常常会见到如图5.1.2所示的经典例子。

图5.1.2　pmouse与mouse结合的示例

代码如下：

```
void setup() {
size(500,500);
    smooth();    //抗锯齿
}


void draw() {
  stroke(mouseX,mouseY,abs(mouseX - mouseY));
  strokeWeight(abs(pmouseX - mouseX));
  line(pmouseX,pmouseY,mouseX,mouseY);
}
```

这个例子主要目的是绘制直线，这个直线的两个端点位置分别由鼠标指针上一帧的坐标点位置与此时的鼠标指针坐标点位置决定的，直线的RGB通道颜色分别为鼠标指针在画布上的横轴坐标数据、纵轴坐标数据，和横轴与纵轴坐标数据差的绝对值决定的。绘制线条的粗细程度是由鼠标指针上一帧的横轴坐标数据与此时的横轴坐标数据位置差的绝对值决定的，也就是说鼠标指针的上一帧与这一帧在横轴方向上的距离相差越远、线条越粗，反之越细。

按键是鼠标互动中的基础性操作，mousePressed关键字是专门负责读取鼠标按键状态的。当鼠标上的任意键被按下时，mousePressed返回真值，如果把它与if语句相集合，能够使交互过程控制更加灵活，实现在不同需求环境下的鼠标交互效果，但仅仅是mousePressed关键字对于现在的三键及以上的鼠标进行功能划分还不够明显，我们可以通过另一个关键字mouseButton，来细化按键划分，mouseButton关键字有三个属性值："LEFT""CENTER"和"RIGHT"，分别对应鼠标上的左键、中键和右键。现在分别使用这三个键来控制画布上出现的图形，按鼠标左键在画布中间绘制一个圆形，按鼠标中键在画布中间绘制一个正方形，按鼠标右键在画布中间绘制一个三角形（图5.1.3）。

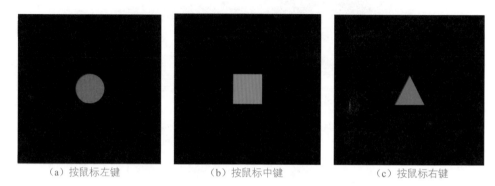

　（a）按鼠标左键　　　　　　　（b）按鼠标中键　　　　　　　（c）按鼠标右键

图5.1.3　鼠标"左中右"三键分开控制绘制图形的示例

```
void setup() {
  size(500,500);
  smooth();
}

void draw() {
  background(0);
  if (mousePressed) {
    if (mouseButton == LEFT) {
      fill(255,0,0);
      ellipse(width/2,height/2,100,100);
    } else if (mouseButton == CENTER) {
      fill(255,124,0);
      rectMode(CENTER);
      rect(width/2,height/2,100,100);
    } else if (mouseButton == RIGHT) {
      fill(0,124,255);
      triangle(width/2,height/2-50,width/2+50,height/2+50,
      width/2-50,height/2+50);
```

```
        }
    }
}
```

这样的写法能够非常清晰地将鼠标的不同按键对应到不同的效果实现的功能上，但很多鼠标手势动作仍然没有利用上，例如鼠标的移动、拖曳、释放、点击以及鼠标轮的滚动等。

Processing同样提供了可以实现上述鼠标手势动作的函数，用于丰富鼠标互动的操作。包括mousePressed()事件函数、mouseReleased()事件函数、mouseClicked()事件函数、mouseMoved()事件函数、mouseDragged()事件函数和mouseWheel()事件函数。

mousePressed()事件函数是检测鼠标按下任意一个按键时候所触发的函数，它的格式为：

```
void mousePressed(){
//当鼠标任意按键被按下时要执行的代码
}
```

mouseReleased()事件函数是检测鼠标释放任意一个被按压的按键时候所触发的函数，它的格式为：

```
void mouseReleased(){
//当释放了鼠标任意键时要执行的代码
}
```

mouseClicked()事件函数是在鼠标按下并释放后所执行的函数，它在mousePressed()事件函数和mouseReleased()事件函数之后执行，它的格式为：

```
void mouseClicked(){
//当在鼠标按下并释放后时要执行的代码
}
```

mouseMoved()事件函数是鼠标在画布上移动的时候所调用执行的函数，它的格式为：

```
void mouseMoved(){
//当鼠标在画布上移动时要执行的代码
}
```

mouseDragged()事件函数是在画布上按住鼠标任意一按键并移动时所调用执行的函数，它的格式为：

```
void mouseDragged(){
//当鼠标在画布上按任意键且拖曳时执行的代码
}
```

mouseWheel()事件函数是在滚动鼠标滑轮时所调用执行的函数，它的格式为：

```
void mouseWheel(MouseEvent event){
//当鼠标滑轮滚动时要执行的代码
}
```

通过MouseEvent类的event对象，能够调用getCount()方法读取鼠标滑轮的滑动方向，当鼠标滑轮向前滑动时，返回负值；当鼠标滑轮向后滑动时，返回正值。

鼠标的交互功能至此已经全部讲解完毕，现在我们利用学习到的鼠标交互功能，实现单击图片，对像素进行选择性复制的示例[1]（图5.1.4），因为原图片像素太大，在示例使用中已经将其像素压缩至500像素×281像素。

图5.1.4　鼠标读取像素颜色并控制绘制的示例

首先需要定义两个变量：img和temp_c，分别为图片PImage类型和color颜色类型，作为全局变量，意为在整个工程的任何一个地方都能够随意调用该变量。

```
PImage img;
color temp_c;

void setup() {
  size(1000,281);
  smooth();
  img = loadImage("back.jpg");
  background(0);
}
```

读取图片，并初始化绘制背景颜色，这里将画布宽度设置为图片像素宽度的两倍，画布高度与图片高度一致，多出来的空间像素正好与图片大小一样。

1.　图片来源自互联网。

```
void draw() {
  image(img,0,0);
}
```

设置完成后，在draw()函数里通过image()函数的调用，将图片显示出来。剩下的工作就是通过鼠标指针在左侧图片上的移动，将鼠标指针所指向的像素点的颜色读取出来，并填充在右边的黑色背景上。这里我们使用mouseMoved()事件函数。

```
void mouseMoved() {
  img.loadPixels();
  img.updatePixels();
}
```

在mouseMoved()事件函数里把图片的所有像素点信息进行载入并更新，因为loadPixels()函数要与updatePixels()函数联合使用。在这两个函数之间对像素进行处理。

在处理像素之前，我们需要对鼠标指针读取图片的范围进行限制，因为是要读取图片的大小范围内的像素点信息，而不是整个画布上的像素点信息，图片大小是500像素×281像素，所以鼠标指针要限定在这个范围内，只要在这个范围内的图片中的像素点信息，需要被读取，并存入全局变量temp_c中。

```
if (mouseX >= 0 && mouseX <= 500) {
  if (mouseY >= 0 && mouseY <= 281) {
    temp_c = img.get(mouseX,mouseY);
  }
}
```

颜色读取出来并储存在变量中之后，需要将这个颜色填入右边的黑色背景画布中，通过loadPixels()函数和updatePixels()函数更新画布像素信息。这里的关键操作是将图片中像素点的横向坐标对应到右边黑色背景中的像素点坐标上，所以需要对鼠标指针的横轴方向的坐标点进行映射。

```
int new_PicX = int(map(mouseX,0,500,501,1000));
```

上述语句将鼠标位置从0～500的范围，映射到501～1000的范围。new_PicX临时变量就是用来存储每次鼠标指针在画布左侧移动时，在画布右侧生成的新X坐标值，然后再将之前存储的颜色填充到改变坐标映射范围后的像素点上。

```
pixels[new_PicX + width * mouseY] = temp_c;
```

完整代码如下：

```
PImage img;
color temp_c;
```

```
void setup() {
  size(1000,281);
  smooth();
  img = loadImage("back.jpg");
  background(0);
}

void draw() {
  image(img,0,0);
}

void mouseMoved() {
  img.loadPixels();
  if (mouseX >= 0 && mouseX <= 500) {
    if (mouseY >= 0 && mouseY <= 281) {
      temp_c = img.get(mouseX,mouseY);
    }
  }
  img.updatePixels();

  loadPixels();
  int new_PicX = int(map(mouseX,0,500,501,1000));
  pixels[new_PicX + width * mouseY] = temp_c;
  updatePixels();
}
```

5.2 键盘互动

键盘互动也是常用的互动形式之一。它有些方式与鼠标互动一样的，但是拖曳、移动等方式是没有的。判断按键是否按下是通过keyPressed关键字来实现的，当在键盘上按下任意键的时候，该关键字会返回真值，否则会返回假值（图5.2.1）。

```
void setup() {
}

void draw() {
  if (keyPressed) {
    println(key);
  }
}
```

图5.2.1 读取键盘按键信息的示例

key关键字的作用是读取所按的键盘按键，简单来说，当按下键盘上的小写字母a的时候，它其实是读取a字母的ASCII码[1]，即97，也就是说当按下a的时候，是传输了97给计算机，通过ASCII码的比对，再将a字母返回，以下示例说明了这一点。

```
void setup() {
}
void draw() {
  if (keyPressed) {
    if(key == 97){
      textSize(48);
      textAlign(CENTER);
      text(str(key),0,0,80,80);
      println(key);
    }
  }
}
```

当按到ASCII码的值等于了97的时候，才允许将这个字母打印出来，之前说过小写字母a的ASCII值为97，所以在本例子中，只有按到a字母的时候，才能够正常打印输出（图5.2.2）。

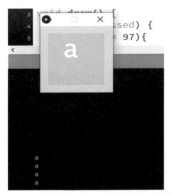

图5.2.2 限制读取键盘按键信息的示例

---

1. ASCII码是一套基于拉丁字母的计算机编码系统，主要用于显示现在英语和其他西欧语言。

但是key关键字只能够读取到非功能键，如果想控制的按键里有Shift、Ctrl、Alt以及光标的"上下左右"键的时候，key关键字就显得捉襟见肘了。keyCode关键字是专门来用作读取功能键信息的[1]（图5.2.3）。

图5.2.3　读取键盘功能键信息的示例

这里运用了三个if语句嵌套，首先判断键盘按键是否按下，再判断按下的按键是否为功能键，最后判断按下的功能键是否为Alt键。当按下Alt键时候，画布上出现了18，这正是Alt键所对应的ASCII码。这里值得强调的一点是，BACKSPACE、TAB、ENTER、RETURN、ESC和DELETE等关键字无须调用编码，直接使用即可。

Processing同样也提供了键盘控制的事件函数：keyPressed()事件函数、keyReleased()事件函数和keyTyped()事件函数。

keyPressed()事件函数是检测键盘按下任意一个按键时候所触发的函数，如果要使用功能键，请在事件函数里调用keyCode关键字，它的格式为：

```
void keyPressed(){
//当键盘任意按键被按下时要执行的代码

}
```

keyReleased()事件函数是检测释放键盘上任意一个按键时所触发的函数，如果要使用

1.　由于操作系统处理键重复的方式不同，按住键可能会导致多次调用keyPressed()函数。重复率由操作系统设置，可以在每台计算机上进行不同的配置。

功能键，请在事件函数里调用keyCode关键字，它的格式为：

```
void keyReleased(){
//当键盘任意键被释放时要执行的代码
}
```

keyTyped()事件函数是检测键盘按下任意一个按键时所触发的函数，不支持功能按键，它的格式为：

```
void keyTyped(){
//当键盘非功能键被按下时要执行的代码
}
```

请实现如图5.2.4所示的示例，当按下键盘上的按键时，在画布上生成不同位置的长方形（依据按键的ASCII码）：

图5.2.4　ASCII码影响生成图形位置的示例

代码如下：

```
int x=0;

void setup() {
  size(300,100);
  smooth();
  background(0);
}

void draw() {
  if (keyPressed==true) {
    x=key-3;
    fill(255);
    rect(x,1,20,101);
  }
}
```

也可以通过以下代码形式实现：

```
int x=0;

void setup() {
  size(300,100);
  smooth();
  background(0);
}

void draw() {
}

void keyPressed(){
    x=key-3;
    fill(255);
    rect(x,1,20,101);
}
```

5.3 声音互动

　　声音是由物体振动产生的声波，通过介质（空气或固体、液体）传播并能被人或动物听觉器官所感知的波动现象[1]。声音可以是能量和信息的载体，正常情况下，我们无法直接观测和显示声音，那能否通过一系列的方式方法将声音变得可以被观察呢？我们需要对声音进行可视化。

　　也许你不是学习音乐声学背景的艺术生或创意设计师，对于音乐和声学一窍不通，但这并不影响我们进行声音的可视化，也许此时你正期盼一个"代码式"的音频播放器更为切合实际。minim库和sound库[2]，解决了在声音互动的创作过程中因为一些音乐声学的专业知识而形成的障碍，它们就像一个工具箱，工具箱里的许多工具将复杂的音乐声学理论和底层的实现原理隐藏了起来，只是告诉你调用这个工具，会得到什么效果，而你根本不需要知道这些工具是如何实现某种功能的。

　　本节会使用minim库进行讲解，因为Processing并没有对minim库进行封装，所以需要通过安装第三方库文件才能使用。首先单击"工具"菜单栏，在下拉菜单中单击"添加工具"（图5.3.1），在弹出的"Contribution Manager"对话框中，找到minim库，单击"Install"按钮，下载完成后，等待自动安装结束即可（图5.3.2）。

---

1. 概念来源：https://baike.baidu.com/item/%E5%A3%B0%E9%9F%B3/33686?fr=aladdin。
2. 库，也被称为包，是封装好的类。

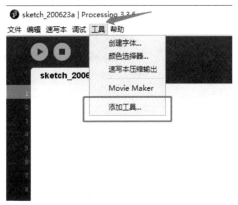

图5.3.1　添加第三方minim库

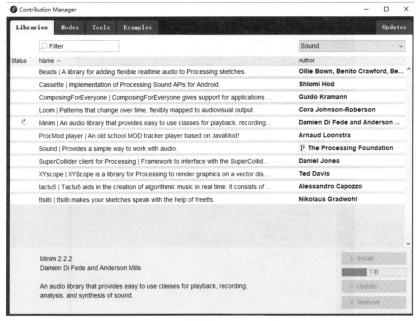

图5.3.2　安装第三方minim库

安装完成后，会在该库的前面出现一个绿色的"√"图标，表示你的计算机中已经安装好minim库了。

在成功安装好minim库之后，打开菜单栏的"速写本"选项，单击"应用库文件"，选择minim库，Processing将自动把minim库的相关工具导入进来，此时就能够调用minim库[1]内的相关方法进行声音的可视化操作了（图5.3.3）。

---

1. 完整的minim库方法：http://code.compartmental.net/minim/。

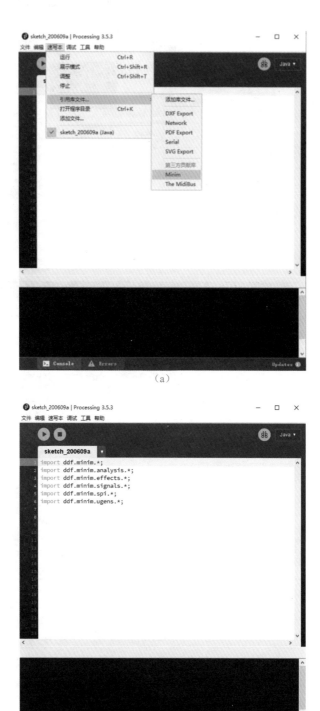

图5-3-3　导入minim库

首先创建一个音频播放器，命名为player，再创建一个处理音频信息的对象，命名为minim。

```
AudioPlayer player;
Minim minim;
```

创建好了处理音频信息的minim对象和音频播放器的player对象后，先将minim对象初始化，并通过player的loadFile()方法把之前准备好的音频文件载入。

```
minim = new Minim(this);
player = minim.loadFile("happy.mp3");
```

此时的音频文件以及相关的音频信息已经被完全载入，下面就可以进行相应的操作，这里我们先通过player的play()方法将载入的音频文件进行播放。

```
player.play();
```

完整代码如下：

```
import ddf.minim.*;
import ddf.minim.analysis.*;
import ddf.minim.effects.*;
import ddf.minim.signals.*;
import ddf.minim.spi.*;
import ddf.minim.ugens.*;

AudioPlayer player;
Minim minim;

void setup() {
  size(512,200,P3D);
  minim = new Minim(this);
  player = minim.loadFile("happy.mp3");
  player.play();
}

void draw() {
}
```

这时就能听见音频文件被正常的播放，一个简单的"代码式"音乐播放器功能就被实现了。

现在继续实现更多的可视化功能，player有一个bufferSize()方法，它是用来读取播放时每帧音频的采样点个数的，例如，当音乐采样率为44100Hz，意思是在这一点上，声卡对声音的采样动作频率为每秒44100下，特别是在录音过程中，这是把模拟信号转变为数字信号的办法，采样频率越高，采样点越多，声音就被还原的越真实。一般来说，对于一个乐器在一首乐曲中演奏的最高频率的两倍频率设置为采样率，就能够还原出较为真实的声音本质（图5.3.4）。

图5.3.4　转换bufferSize范围前后的数值

　　接下来我们要对音频的左右声道进行处理和使用，如果音频文件不是单声道（mono），一般情况下为立体声（stereo）[1]。单声道顾名思义只有一个声道，例如人声，就是典型的单声道，因为声场比较窄，没有宽度。立体声的产生是根据录音制式而来的，例如钢琴或架子鼓，它们在音色、音域上是有区别和宽度的，所以在录音的时候会用到两个及以上的专业话筒（大致分为动圈和电容两类）进行拾音，因制式的原因，导致每个话筒对声音的拾取有强弱、远近上的差别，在分配到左右声道上进行监听的时候，会明显感觉两个声道的声音大小有差别，简单来说，左右声道的电平信号被观测为一样的时候为单声道，不一样的时候为立体声。

　　这里通过player的left.get()和right.get()方法可以调取每一帧正在播放的音频信息里左右声道采样点的值，其范围在−1.0～1.0。通过左右声道的音频信息处理，让左声道信号控制圆形大小，让右声道信号控制圆形线框粗细（图5.3.5）。

1.　除了单声道和立体声外，还有杜比环绕立体声等多通道的声音制式。

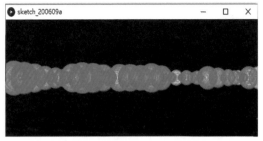

图5.3.5 左右声道可视化的示例

具体代码如下：

```
import ddf.minim.*;
import ddf.minim.analysis.*;
import ddf.minim.effects.*;
import ddf.minim.signals.*;
import ddf.minim.spi.*;
import ddf.minim.ugens.*;

AudioPlayer player;
Minim minim;

void setup() {
  size(512,200,P3D);
  minim = new Minim(this);
  player = minim.loadFile("happy.mp3");
  player.play();
}

void draw() {
  background(0);
  for (int i = 0; i<player.bufferSize()-1; i++) {
    int x = (int)map(i,0,player.bufferSize(),0,width);
    float size = player.left.get(i) * 80;
    float size_stroke = player.right.get(i) * 5;
    fill(255);
    strokeWeight(size_stroke);
    stroke(255,0,0,120);
    ellipse(x,height/2,size,size);
  }
}
```

你可以尝试将左右声道的信息制作成FFT类型的数据可视化。minim库的音乐可视化制作只是冰山一角，它还有许多常用的功能，例如倒放、暂停、增益、静音、偏移、循环等，可以多多尝试将不同的方法运用在音频互动作品当中。

5.4 影像互动

影像互动多指与摄像头（包括有可以采集深度信息的，例如Kinect体感摄像头）互动。与之前学习音频信息互动一样，并不需要去过多了解什么是视频制式、每秒多少帧、压缩格式是什么、如何读取连接在计算机上的硬件设备等诸如此类的问题，因为有"工具"，它们已经帮我们封装好了很多底层的东西，直接调用就可以完成想要的效果。

本节会使用Video库进行讲解，因为Processing并没有对Video库进行封装，所以需要通过安装第三方库文件才能使用。单击"工具"菜单栏，在下拉菜单中单击"添加工具"，在弹出的"Contribution Manager"对话框中，找到Video库，单击"Install"按钮，下载完成后，等待自动安装结束即可（图5.4.1）。

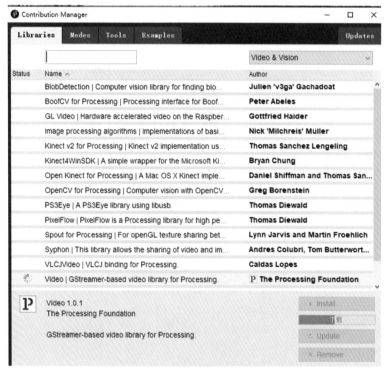

图5.4.1　下载并安装Video库

安装完成后，会在该库的前面出现一个绿色的"√"图标，表示你的计算机中已经安装好Video库了。

在成功安装好Video库之后，打开菜单栏的"速写本"选项，单击"应用库文件"，选择Video库，Processing将自动把Video库的相关工具进行导入，此时就能够调用Video库内的相关方法进行影像的相关操作（图5.4.2）。

图5.4.2　导入Video库

　　我们需要先创建一个视频对象，命名为myCamera，然后调用类方法list()，查看电脑上检测到了多少个摄像头硬件，该方法返回的是一个字符串数组，所以需要定义一个字符串数组变量接收该返回值。

```
Capture myCamera;
String [] device = Capture.list();
```

　　这里假设电脑上只有一个摄像头，所以它在数组中排在第一个，也就是下标为0的硬件设备，所以我们需要在字符串数组device上通过下标来访问该摄像头设备。

```
myCamera = new Capture(this,device[0]);
myCamera = new Capture(this,width,height);
```

　　可以通过以上两种形式初始化[1]myCamera对象（任选其一），之后如果想要使用摄像头，需要调用start()方法，在此之前保持摄像头处于开启状态。

```
myCamera.start();
```

　　此时的摄像头已经准备就绪，我们需要对摄像头状态进行判断，保证摄像头正常开启，通过myCamera.available() == true这条语句来进行摄像头状态的判断。

　　1.　更多Capture类的重载构造函数，请参考：https://www.processing.org/reference/libraries/video/Capture.html。

```
if(myCamera.available() == true){
    myCamera.read();
}

image(myCamera,0,0);
```

通过image(myCamera,0,0);语句能够将摄像头捕捉的画面显示出来。现在我们将利用之前学习的像素相关知识对摄像头捕捉的画面进行处理，把画面处理成类似马赛克的效果，并通过R通道的值来旋转方块（图5.4.3）。

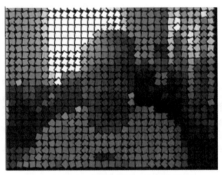

图5.4.3 实时视频影像互动的示例

此时可以清楚地观察到，在人影的头部左上方，部分白色背景的方块并没有旋转，是因为此区域R通道的值很小或者为零，造成其旋转不明显或者无旋转效果。完整代码如下：

```
import processing.video.*;

Capture myCamera;
String [] device;
color c;

void setup() {
  size(320,240);
  device = Capture.list();
  myCamera = new Capture(this,320,240);
  myCamera.start();
}

void draw() {
  if (myCamera.available() == true) {
    println("摄像头读取正常");
    myCamera.read();
  }
```

```
background(0);
myCamera.loadPixels();
for (int x = 0; x<myCamera.width; x+=10) {
  for (int y = 0; y<myCamera.height; y+=10) {
    c = myCamera.pixels[x + myCamera.width * y];
    pushMatrix();           // 推入矩阵
    translate(x,y);         // 改变原点坐标
    fill(c);
    rectMode(CENTER);
    rotate(red(c));
    rect(0,0,10,10);
    popMatrix();            // 推出矩阵
  }
}
myCamera.updatePixels();
loadPixels();
updatePixels();
}
```

示例中的方块颜色都是根据摄像头捕捉到的画面的RGBA各通道颜色决定的，当人在画面中进行移动的时候，颜色也随之发生变化。

我们可以将以上的代码进行修改，让像素根据实时画面进行逐个填充，会产生不同的视觉效果（图5.4.4）。

图5.4.4　实时像素逐个填充的示例

修改后的完整代码如下：

```
import processing.video.*;

Capture myCamera;
String [] device;
color c;
```

```
int x,y;

void setup() {
  size(1280,720);
  device = Capture.list();
  myCamera = new Capture(this,1280,720);
  myCamera.start();
  background(0);
}

void draw() {
  if (myCamera.available() == true) {
    println("摄像头读取正常");
    myCamera.read();
  }

  myCamera.loadPixels();
  if (x < myCamera.width) {
    if (y < myCamera.height) {
      c = myCamera.pixels[x + myCamera.width * y];
      pushMatrix();
      translate(x,y);
      fill(c);
      rectMode(CENTER);
      rotate(red(c));
      rect(0,0,10,10);
      popMatrix();
    }
  }
  x += 10;
  if (x >= myCamera.width) {
    x = 0;
    y+=10;
  }
  if (y >= myCamera.height) {
    x = 0;
    y = 0;
background(0);
  }

  myCamera.updatePixels();
  loadPixels();
  updatePixels();
}
```

第6章 变 换

在前几章的个别示例中，我们就已经使用到了变换，不论是大小、旋转或是矩阵，它的存在让图形的变化更加多样。变换主要分为位置变换、大小变换、旋转变换、斜切变换和矩阵变换。

6.1 位置变换

我们之前讲过Processing的坐标原点是在左上角，假设需要在画布的中心画上三个圆形，一个圆形在画布正中间，一个圆形在中间圆形的左边，另一个圆形在右边镜像位置（图6.1.1），那么实现该效果的代码应该为：

```
void setup() {
  size(200,200);
  background(0);
  ellipse(100,100,50,50);
  ellipse(50,100,50,50);
  ellipse(150,100,50,50);
}
void draw() {
}
```

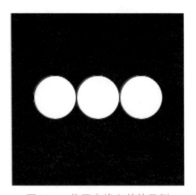

图6.1.1　位置变换之前的示例

这些圆形在画布上的坐标都是以**画布左上角为原点**进行设定的，这意味着一旦出现图形非常多且复杂的情况，坐标计算很容易出现错误，从而对最终效果不可控制。那为何不直接将原点坐标位置变换到中间那个圆形图案的坐标上呢？这确实是个非常好的方法。Processing提供了translate()函数可进行原点坐标位置的变换。

```
translate(x, y);
translate(x, y, z);
```

translate()函数可以将原点坐标在二维平面和三维空间中进行变换。如果运用translate()函数实现上例，在坐标计算上就变得简单多了。我们将上例进行修改（图6.1.2）。

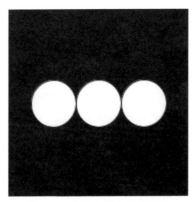

图6.1.2　位置变换之后的示例

完整代码如下：

```
void setup() {
  size(200,200);
  background(0);
  translate(100,100);
  ellipse(0,0,50,50);
  ellipse(50,0,50,50);
  ellipse(-50,0,50,50);
}

void draw() {
}
```

你也许会发现在运用translate()函数之后，三个圆形的坐标值发生了变化，中间圆形的坐标变成了(0,0)，这是因为translate()函数把画布的中心点变换成了坐标原点，所以中间圆形的圆心坐标就是在原点坐标上，右侧的圆形的圆心是在原点的正轴方向，所以是正50，而左侧的圆形的圆心是在原点的负轴方向，所以是负50。通过这样的坐标变换之后，比起默认以画布的左上角作为原点来说，图形的坐标计算变得更加方便了。

6.2 大小变换

我们除了通过手动改变半径来改变图形大小之外，还可以通过scale()函数进行图形的放大或者缩小，也许你会说放大或缩小圆形和方形只需简单修改一下第三和第四位参数就可以，为什么还需要专门的函数去修改大小？如果需要将一个三角形或者四边形进行放大和缩小，你就会感觉到scale()函数为你带来的便捷。

scale()函数有三种重载形式：

- scale(s);
- scale(x, y);
- scale(x, y, z);

s代表着等比例放大或缩小图形；

x和y代表着在x轴与y轴上等比例放大或缩小图形；

x、y和z代表着在x轴、y轴与z轴上等比例放大或缩小图形。

这个示例可以明显地看出scale()函数对图形的影响。scale()函数通过扩展和收缩顶点来扩大或缩小形状的大小。对象始终从其相对原点缩放到坐标系，刻度值指定为十进制百分比。例如，函数调用scale(2.0)将形状的维度增加200%（图6.2.1）。

```
void setup() {
  size(200,200);
  scale(2.0);
  ellipse(50,50,50,50);
}

void draw() {
}
```

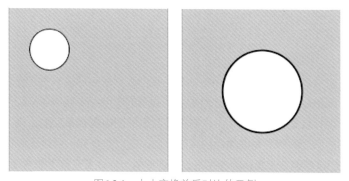

图6.2.1　大小变换前后对比的示例

需要注意的是，当scale()函数里的参数是0～1.0之间的小数时，此时scale()担任的是缩小的功能，而非扩大。

6.3 旋转变换

旋转变换是图形变换中使用频繁的变换方式。旋转变换可以在二维平面和三维空间中变换，在三维空间中需要开启P3D模式。在二维平面里，通过rotate()函数控制图形的旋转，在小括号内填入需要旋转的角度即可。在三维空间里通过rotateX()、rotateY()和rotateZ()函数进行控制图形在沿*X*轴、*Y*轴和*Z*轴方向的旋转，不管是rotate()函数还是rotateX()、rotateY()和rotateZ()函数，它们都是围绕原点坐标进行旋转的（图6.3.1）。

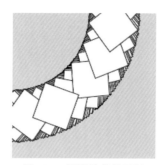

图6.3.1　图形旋转的示例

```
float angle = 0.0f;  //定义旋转的角度

void setup() {
  size(200,200);
}

void draw() {
  rectMode(CENTER);
  rotate(angle);     //旋转角度赋值
  rect(100,100,50,50);
  angle += 1.0;      //旋转角度自加
}
```

也许这并不是你想要的旋转变换效果，这是围绕原点在进行旋转，并不是自身旋转。那如何实现围绕自身旋转呢（图6.3.2）？

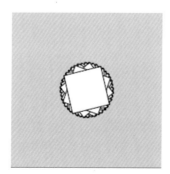

图6.3.2　图形围绕自身旋转的示例

我们其实通过translate()函数将原点设置为画布中心，再将原点中心坐标作为方形的坐标，进行旋转的时候，方形围绕原点旋转，而原点就是方形自身的坐标点，从而完成了围绕自身进行旋转的效果。

```
float angle = 0.0f;

void setup() {
  size(200,200);
}

void draw() {
  rectMode(CENTER);
  translate(100,100);
  rotate(angle);
  rect(0,0,50,50);
  angle += 1.0;
}
```

三维空间里沿X轴，Y轴，Z轴的旋转是调用不同的函数完成的，使用方法与rotate()函数并无区别。可以尝试实现以下效果（图6.3.3）。

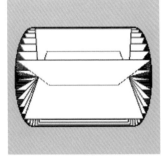

图6.3.3　三维空间中沿X轴、Y轴和Z轴旋转的示例

6.4 斜切变换

斜切变换是以弧度单位向横轴或纵轴进行拉伸变形。绘制的图像始终围绕其相对于原点的位置进行斜切拉伸，正数沿顺时针方向，负数沿逆时针方向。shearX()函数与shearY()函数分别对应横轴的斜切变换与纵轴的斜切变换。这两个函数的小括号内填入的参数应为弧度，Processing内部已经定义好了弧度的关键字：HALF_PI、PI、

QUARTER_PI、TAU[1]和TWO_PI，如果你对弧度并不熟悉，希望用角度来控制参数，或希望斜切效果形成动态样式的话，可以通过定义一个角度变量，并通过radians()函数把角度转换为弧度[2]（图6.4.1）。

图6.4.1　弧度与角度控制下的横、纵轴斜切变换的示例

代码如下：

```
size(200,200);
background(0);
rectMode(CENTER);
shearX(radians(-10));        // 角度转换成弧度
rect(50,50,50,50);
shearY(QUARTER_PI);          // 沿Y轴斜切，弧度为1/4 π
rect(100,50,50,50);
```

以下是由变量控制斜切的弧度（图6.4.2）。

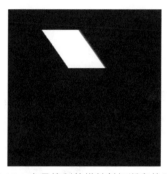

图6.4.2　变量控制的横轴斜切渐变的示例

完整代码如下：

```
float angle = 0.01f;


void setup() {
```

1. TAU与TWO_PI一样，都为2π。
2. 把弧度转换为角度，需要使用degrees()函数。

```
  size(200,200);
}

void draw() {
  background(0);
  rectMode(CENTER);
  shearX(radians(angle));
  rect(50,50,50,50);
  angle += 0.1;
}
```

6.5 矩阵变换

　　矩阵变换是最重要也是最生涩难懂的变换，它能与之前的各类变换相结合使用，在绝大多数情况下，涉及图形变换的工程都会使用到矩阵变换。矩阵变换是通过pushMatrix()函数和popMatrix()函数结合使用完成的，与之前学习的setup()和draw()、beginShape()和endShape()一样，必须配对使用，漏掉任何一个系统都会报错。

　　矩阵变换是把坐标系各参数推入矩阵栈中。Processing通过pushMatrix()函数将坐标系各个参数推入矩阵栈中，popMatrix()函数将坐标系各个参数从矩阵栈中弹出。这样的描述对于正在进行基础部分学习的你来说，非常难以理解，在用通俗易懂的语言来描述矩阵变换之前，我们一起来观察一个例子，这里利用到了前面学习过的旋转变换，我们先在画布上画一个正方形，并让它沿任意轴向进行旋转（图6.5.1）。

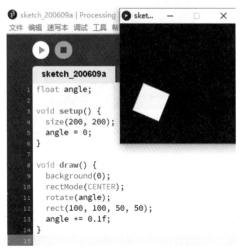

图6.5.1　绘制沿任意轴向旋转的图形

现在的方形是围绕着左上角原点进行旋转，我们现在加入另一个正方形，让新绘制的正方形在画布中间进行自转，为了区分，我们为这个正方形填充一个颜色。我们先将以下代码输入Processing的文本编辑器区域中：

```
float angle;

void setup() {
  size(200,200);
  angle = 0;
}

void draw() {
  background(0);
  rectMode(CENTER);
  rotate(angle);
  fill(255);
  rect(100,100,50,50);
  angle += 0.1f;
  // 新绘制的正方形
  translate(100,100);    //改变新绘制正方形的原点坐标
  rotate(angle);
  fill(#16A5F0);
  rect(0,0,50,50);
}
```

我们现在运行以上代码，看一下是否达到了我们想要的效果（图6.5.2）。

图6.5.2　加入了新绘制的正方形

修改了代码之后，虽然第二个正方形在画布中间进行自转，但是它们依旧还在围绕着左上角的原点进行旋转，刚才明明是通过translate()函数对原点坐标进行了变换的，这是为什么呢？我们可以这样来理解，坐标原点的确已经转换，新加入的正方形已经在自转了，我们可以将旋转的角度设置得慢一些，再仔细观察，发现新绘制的正方形不仅在

自转还围绕着画布的左上角原点位置进行旋转，这是因为第一个正方形的rotate()函数对新绘制的正方形旋转产生了影响，translate()函数只是改变了第二个新绘制的正方形的旋转变换的坐标位置，要知道，我们并没有对第一个正方形的旋转进行位置变换。

也许你的新问题是"怎么才能实现各转各的，不相互影响呢？"解答这个问题就需要使用pushMatrix()函数和popMatrix()函数进行矩阵变换，放在这两个函数之间的图形，它们会将推入矩阵时的画布坐标参数存储起来，再修改参数或改变效果之后，推出矩阵，把坐标系各参数进行还原。这样的描述虽然比之前要好理解，但依旧混沌，你不妨想象成这些图形被扔进了一个透明的盒子里，图形在这个透明的盒子里可以进行放大、旋转、斜切等变换，图形进行变换的参考坐标系只被限制在这个盒子里，与外面的世界无关，当你把图形想要的变换设定好之后，把这个透明的盒子放在画布上你想的位置就可以了，盒子位置变化直接带动了盒子里面图形的位置变化，而图形的变换所有参考系都是源于盒子而并非画布，现在只有盒子的参考系源于画布了。**把图形扔进盒子，就是pushMatrix()——推入矩阵；将图形进行想要的变换之后，把盒子放回画布上，就是popMatrix()——推出矩阵。**

我们现在利用矩阵变换将以上代码进行修改，变成我们想要的效果（图6.5.3）。

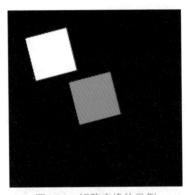

图6.5.3　矩阵变换的示例

完整代码如下：

```
float angle;

void setup() {
  size(200,200);
  angle = 0;
}

void draw() {
  background(0);
  rectMode(CENTER);
  //将第一个正方形推入矩阵
```

```
pushMatrix();
translate(50,50);
rotate(angle);
fill(255);
rect(0,0,50,50);
// 将第一个正方形推出矩阵
popMatrix();
// 新绘制的正方形，将第二个正方形推入矩阵
pushMatrix();
translate(100,100);   // 改变新绘制正方形的原点坐标
rotate(angle);
fill(#16A5F0);
rect(0,0,50,50);
// 将第二个正方形推出矩阵
popMatrix();
angle += 0.01f;
}
```

第 **7** 章 循环语句

　　许多时候我们不得不处理大量的数据，例如影像和图片的像素点数据，音频的采样率数据，成百上千的坐标点数据等，不胜枚举，如果我们手动地将数据一条一条的处理，是极其低效的，也是非常不科学的，循环语句的出现会帮助我们从重复烦琐的工作流程中解脱出来。本章将会讲解while循环语句，do…while循环语句，for循环语句以及break和continue关键字。

7.1 while循环语句

从本节开始，我们正式进入循环语句的学习。在这一节我们会接触到while循环语句，while的中文意思是"当……的时候"，你是否已经开始猜测，while循环语句，一定要满足某个条件才可以运行，没错，while循环语句的语法形式与if相同，只是关键字换成了while。

```
while(条件判断){

//条件判断为真值时要运行的代码

}
```

while关键字引导着循环语句，小括号内放置需要判断的条件，当条件结果判断为真值的时候，大括号内的循环开始，大括号内代码依次运行之后，再次进行条件判断，以此往复，一旦条件不满足，循环即中止。

现在来实现一个简单的示例，通过while循环语句让一个变量不断自加并输出（图7.1.1）。

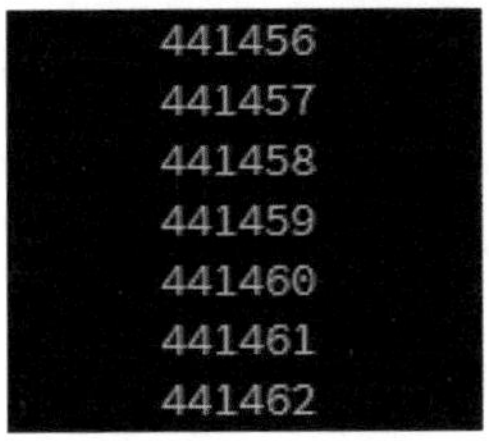

图7.1.1 while死循环的输出结果

```
int i = 0;

void setup() {
}

void draw() {
  while (true) {
    println(i);
    i += 1;
  }
}
```

单击"运行"按钮后，我们会观察到变量值会不断地自加输出，由于条件设置的是个常量true，并不能进行改变，所以while循环会一直运行，这种没有中止（退出）循环条件的循环语句，称为死循环，这样的写法会占用大量电脑内存，造成电脑卡顿或死机，所以在日常工程中应该避免这种写法。现在我们将代码进行修改，设定一个灵活的条件，只允许程序输出1000及以内的数值，大于1000的数值不允许被输出（图7.1.2），我们只需要修改while循环的判断条件即可，将true改为i <= 1000。

图7.1.2　修改条件后的while循环输出结果

修改后的代码如下：

```
int i = 0;

void setup() {
}

void draw() {
  while (i <= 1000) {
    println(i);
    i += 1;
  }
}
```

也许从打印输出的数字上来观察并没有直接的感受，我们现在利用while循环语句实现以下示例（图7.1.3）。

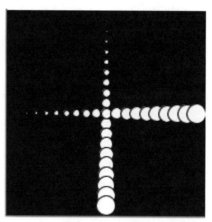

图7.1.3　while循环语句绘制的图形示例

完整代码如下：

```
int y_pos;
int x_pos;

void setup() {
  size(200,200);
  y_pos = 10;
  x_pos = 10;
  background(0);
}

void draw() {
  //控制生成纵轴的图形
  while (y_pos < 200) {
    fill(255);
    ellipse(height/2,y_pos,y_pos*0.1,y_pos*0.1);
    y_pos += 10;
      }//控制生成横轴的图形
  while (x_pos < 200) {
    fill(255);
    ellipse(x_pos,height/2,x_pos*0.1,x_pos*0.1);
    x_pos += 10;
  }
}
```

我们通过限制数据的有效范围达到了退出循环的条件，是否可以用手动方式来控制循环的中止或继续呢？答案是肯定的，Processing中的break关键字和continue关键字就是用来对循环语句进行控制的。

break关键字是直接跳出正在执行的循环语句，例如：

```
int number;

void setup() {
  number = 0;
}

void draw() {
  while (number < 1000) {
    println(number);
    if (number == 50) {
      noLoop();        //停止draw()函数执行
      break;
    }
```

```
      number++;
    }
  }
```

以上代码的功能是while循环执行了number变量的打印和自加，当number变量存储的值小于1000的时候，循环正常运行，但在while循环内部有一个if引导的条件语句，它的功能是对number变量存储的值进行判断，当number的值等于50的时候，执行break语句，将整个while循环中止，我们来观察一下代码的执行结果（图7.1.4）。

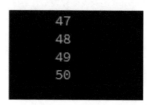

图7.1.4　break关键字跳出while循环的示例

我们可以看到此时的while循环已经被成功中止了。现在我们继续观察以下代码，break关键字是否起作用了？为什么？

```
int number;

void setup() {
  number = 0;
}

void draw() {
  while (true) {
    while (number < 1000) {
      println(number);
      if (number == 50) {
        noLoop();
        break;
      }
      number++;
    }
  }
}
```

这里在原来代码的最外层又增加了一层while循环语句，与我们想象的不太一样，结果大不相同（图7.1.5）。

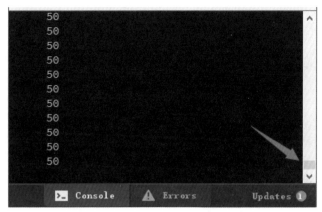

图7.1.5　while循环语句嵌套的示例

可能你会说打印输出的结果就是50，因为在draw()函数的循环体里面，所以一直会输出50，可是你忽略了一点，我们使用了noLoop()函数将draw()函数的循环体给停止了，所以并不存在draw()函数循环打印输出结果的情况。真实原因是最外层的while循环还在执行，因为它是死循环，所以会不断地执行已经停止了的内层while循环，由于在内层while循环停止时，number变量存储的值是50（因为if语句里的break关键字的执行而跳出的循环），该变量的值在外层while循环的执行下不断打印输出，造成了这个假象，图7.1.5中右侧红色箭头指向的是不断变细的滚动条，以此也间接证明了外层while循环语句依旧在执行。

在这个示例中需要注意的是，break关键字只作用于当前的循环，如果要停止外层的循环，则需要在内层while循环语句之外增加一个退出条件来激活外层的break语句，例如：

```
int number;
char over;

void setup() {
  number = 0;
  over = ' ';
}

void draw() {
  while (true) {
    while (number < 1000) {
      println(number);
      if (number == 50) {
        over = 'o';
        break;
      }
```

```
      number++;
    }
    if (over == 'o') {
      break;
    }
  }
  noLoop();
}
```

我们新定义了一个字符型变量over，并赋值为空格，用来控制外层while循环的执行状态，内层的while循环语句在number 变量值等于50的时候，over变量被赋值为字符"o"，触发break语句，并导致内层while循环停止，当over变量的值为"o"的时候，这将触发外层while循环体里的if语句开始执行，导致外层的while循环被中止，注意这里的noLoop()函数放在最后，意思是draw()函数里的代码会全部执行一次（图7.1.6）。

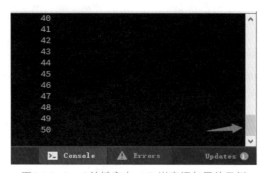

图7.1.6　break关键字在while嵌套语句里的示例

程序运行结果是正确的。这里留给大家一个问题去思考，如果删掉noLoop()会有什么结果，是否推翻了之前的逻辑呢？又是为什么呢？

在讲解完break关键字之后，想必大家对中止循环语句的方法有所了解了，但并不是所有的情况都需要中止循环，有时我们只是期望在特定的情况下执行另一个操作，待操作完成后继续回来执行未完成的循环工作，continue关键字就可以解决上述这个问题。

continue关键字的使用方法与break一样，只是功能上有区别（图7.1.7）。

图7.1.7　触发continue关键字

如图7.1.7所示，当满足条件触发continue关键字以后，循环并没有中止，而是跳过了当前循环，进入下一轮循环中去，具体代码如下：

```
int count;
count = 0;

while (count < 10) {
  count++;
  if (count == 5) {
    println("运行到了我们需要的数字,触发continue关键字");
    continue;
  }
  println(count);
}
```

　　我们定义了一个自变量count作为while循环的条件进行判断，进入while循环后开始自加，当自变量count内部存储的值等于5的时候，触发if分支语句，打印输出后，执行continue语句，continue语句跳过了当前第五次循环，进入了第六次循环，也就是说本该在第五次循环时打印出5的时候，却执行了if中的打印输出。

7.2 do…while循环语句

　　do…while循环语句可以理解为"至少执行一次的循环语句"，这是什么意思呢？我们先来看一下do…while循环语句的语法结构。

```
do{

//循环体内要执行的代码

}while(条件判断);
```

　　这种形式看上去好像特别难以接受，do…while循环语句是首先执行do关键字来引导大括号内的代码去执行，执行完毕之后再进行条件判断，如果此时条件为真，就再次进入do循环体，如果此时条件为假，则循环终止。

```
int count;
count = 10;

do {
  println(count);
```

```
} while (count < 0);
```

上面的代码意思其实很清晰，定义了一个整型变量count，并赋值为10，在do循环体中进行打印输出，等do循环体中代码执行完毕之后，进入while的条件判断，count的值显然是不会小于0的，所以条件不满足，循环被终止（图7.2.1）。

图7.2.1　do…while循环体的示例

我们在现有的代码基础上进行修改，用do…while循环语句来绘制图形，加深理解。具体代码如下：

```
int x_pos;
x_pos = 10;

do {
  ellipse(x_pos,height/2,20,20);
  x_pos += 10;
} while (x_pos < 100);
```

运行程序并观察结果（图7.2.2），同时可以思考一下，如果将while的条件判断结果改为假，结果会怎么样。

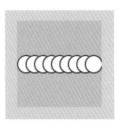

图7.2.2　do…while循环体绘制图形的示例

7.3 for循环语句

for循环语句是最为常用也最为灵活的循环语句，也称为遍历语句。在之前的部分章节中我们曾经使用过for循环语句，这节我们将开始学习for循环语句。for循环语句的语法结构与之前学习过的while循环语句、if分支语句很相似，但是也有明显的区别。

```
for(初值表达式;条件表达式;循环过程表达式){

        //循环体内要执行的代码

}
```

通过for循环的语法结构我们可以进行初步判断，for关键字是引导for循环的关键，小括号是用来放置判断条件的，大括号是用来放置当条件判断为真值时要执行的代码段的，只是在小括号内部有着三个"条件"[1]需要写，这个与之前学习过的知识有点不同。

我们先来关注第一个条件：初值表达式，它的意思是可以在第一个"条件"位置初始化一个局部变量，以供在for循环内部使用，因为经常使用for循环对数组[2]下标进行访问，所以常常将这个变量定义为整型变量，例如：int i = 0。具体使用什么类型的变量需要根据具体情况去定义。

当初值表达式初始化完成之后，就进入了第二个"条件"位置，它是用来给局部变量限定真值范围的，例如：i < 100，意思是只有当变量i的值在小于100的范围之内，for循环的条件判断都为真值,一旦大于或者等于100，for循环的条件判断都为假值，终止循环。

范围设定好后，就要开始设定第三个"条件"：循环过程表达式。现在我们拥有了一个初始值为0的整型变量i，当i范围小于100的时候，条件都为真，可是现在i永远不会发生变化，它都是小于100的，所以需要使用循环过程表达式，使变量i发生变化，常以i++、i--以及i+=数值等形式呈现，值得注意的是每个"条件"之间需要用分号隔开。

我们来看个例子：将1至1000范围内的数字进行求和（图7.3.1）。

图7.3.1　for循环语句计算求和的示例

1.　"条件"其实是表达式，这里用"条件来描述"会更加容易理解。

2.　数组在后面章节会详细讲述，这里不对数组进行解释。

```
int sum;
sum = 0;

for(int i = 1;i <=1000;i++){
    sum += i;
}
println("1000以内的和为：" + sum);
```

首先定义了一个全局变量sum并赋值为0，用来存储for循环体内的值相加的结果。因为我们是要从1开始加到1000，所以初值表达式是从1开始的，再通过sum += i;[1]这行语句将每次循环的值与之前相加的结果再次相加，在for循环体外打印最终求和结果。

之前在while循环语句中提及过"死循环"，那是因为没有程序的出口而导致的，for循环语句需要写三个"条件"，那它有没有"死循环"的说法呢？答案是肯定的，for循环语句也可能导致死循环，以下代码就是死循环的一种，但是我们拥有极低的概率会写成这样。

```
for (int i = 1;i == 1;i+=0) {
    println(i);
}
```

还有一种形成死循环的写法，就是for循环的所有条件都不写（图7.3.2）。

```
void setup() {
    for (;;) {      //并没有写任何的条件
        println("无条件的死循环");
    }
}
void draw() {
}
```

图7.3.2　for循环语句造成死循环的示例

---

1. sum+=i;也可以写作sum = sum + i;

以上就是for循环造成死循环的方法，这些方法在平常的练习中应尽量避免[1]。

for循环语句只能对一个变量进行自加或者自减，有些太过死板，其实并不是这样的，我们来看下面的代码。

```
int x,y;
x = 0;
y = 0;

for (; x<100;x++,y+=2) {
  println("x的值为：" + x);
  println("y的值为：" + y);
}
```

我们在for循环体之外定义了两个整型变量x和y，并初始化为0。我们就用这两个变量中的x变量作为初值表达式，由于我们又是在for循环外定义的，所以在for循环体的第一个"条件"里，什么都没有写，直接以分号结尾。以变量x的值为基准来设定范围，在变量x的值小于100的范围内，变量x进行自加1，而变量y进行了自加2（图7.3.3）。这样就能够通过一个条件来改变两个变量的数值，可以尝试增加多个变量进行值的改变。

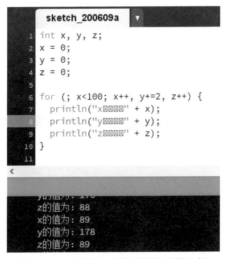

图7.3.3　for语句多个值循环处理的示例

现在我们将枯燥单调的数据变成可视化数据，能更加容易让人接受和理解。假设现在我们需要在500×500的画布上全部绘制圆形，将它们一个挨着一个地平铺到画布上，利用循环语句该怎么做呢？又该使用哪一个循环语句呢？这里我们应该首先考虑for循环

---

1. for循环语句还有一种强制循环，for(obj:arrayList){//循环体中执行的代码}，本章不涉及过深的知识，仅做了解即可。

语句，因为它的语法形式带来的灵活程度比while循环语句要高，在选择好了合适的for循环语句之后我们需要构思如何去实现这个效果，至少现在应该知道，需要一个变量控制圆形的*x*坐标值，另一个变量控制圆形的*y*坐标值，使得这两个值不断变化，根据这两个值的变化产生新的圆形（图7.3.4）。

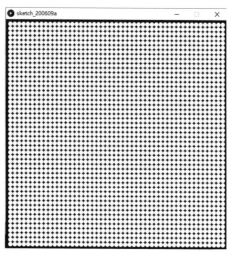

图7.3.4　for循环语句绘制多个圆形的示例

可以想象如果没有循环语句的帮助，可能连计算每个圆形的坐标都会是一件复杂且庞大的工作，更别说去处理每个图形的细节问题了，那这个图形效果是如何实现的呢？具体代码如下：

```
void setup() {
  size(500,500);
}

void draw() {
  background(0);
  fill(255);
  noStroke();
  for (int x = 10; x<width; x+=10) {
    for (int y = 10; y<width; y+=10) {
      ellipse(x,y,10,10);
    }
  }
}
```

只用十四行代码就可以完成图7.3.4中的效果。这里我们使用了两个for循环语句的嵌套形式，外层for循环语句控制着每个圆形的*x*坐标值，内层for循环语句控制着每个圆形的*y*坐标值，又因为圆形的直径为10个像素，所以*x*坐标与*y*坐标是从10开始，每次for循环会自加10，这直接影响每个圆形是否显示完整，会不会产生堆叠。

之前提到过，for循环语句又称遍历语句，为什么它是遍历语句呢？请看图7.3.5中的树枝，你能告诉我图中有多少棵树吗？这些树又有多少个树枝呢？每个树枝又有多少个小枝丫呢？

图7.3.5　for循环语句的形意

我们来想象一下思路，首先找一棵树，然后爬上去，找到一根树枝，然后仔细地去数树枝上的枝丫，数完之后再找到下一根树枝，直到这一棵树的所有树枝上的枝丫全部数了一遍之后，再去找下一棵树，重复刚才的工作。这样一棵棵、一根根地去数的过程就称为遍历，那这个和for循环语句之间又有什么关系呢？我们来分析以下代码：

```
for (int x = 10; x<width; x+=10) {
    for (int y = 10; y<width; y+=10) {
        fill(x,y,x+y);
        noStroke();
        ellipse(x,y,10,10);
    }
}
```

这里的外层for循环语句可以看作是树，x代表第几棵树，现在从第一棵树开始数起，而我们要数完在width值之内的所有树，每棵树之间隔了10个单位（这里并不用在意单位具体是什么），现在找到第一棵树，爬上去，开始数树枝和枝丫，这个过程是通过内层的for循环语句完成的，当你把第一棵树上的所有树枝和枝丫全部数完之后，就要走向第二棵树，这时又进入外部for寻循环语句，你往前走了10个单位之后，到达第二棵树的位置，于是又爬上树，开始数第二棵树的所有树枝和枝丫，此时再次进入了内层的for循环语句，往返如此，直至所有的树全被数完，即外层的for循环语句全部执行完毕。总结一下，当外层for循环执行一次，内层的for循环要全部执行完毕，此时外层的for循环再继续执行，直至外层的for循环语句全部执行完毕，这就是for循环语句的嵌套。

我们尝试结合for循环语句和之前学习的像素等相关内容完成如图7.3.6所示的交互效果，准备一张图片，将其每个像素点对应的位置和颜色以图形绘制的方式填充到画布上，同时能够通过鼠标、按键来控制每个图形的大小（随机数值即可）。

图7.3.6　for循环语句与图形绘制的示例

完整代码如下：

```
PImage source;
int all_round;
float []radius;
float temp_radius;

void setup() {
  source = loadImage("tiger.jpg");
  println("The Width of the Picture is :" + source.width);
  println("The Height of the Picture is :" + source.height);
  size(1920,1080);
  all_round = source.width * source.height;
  radius = new float[all_round];

  for (int r = 0; r < radius.length; r++) {
    radius[r] = random(5,35);
  }
  temp_radius = 0;
}

void draw() {
  show_canvas();
}
```

```
void show_canvas() {
  source.loadPixels();
  color c;
  colorMode(HSB,255,100,100);
  for (int x = 0; x < source.width; x+=20) {
    for (int y = 0; y < source.height; y+=20) {
      c = source.pixels[x + y*source.width ];
      fill(c,130);
      noStroke();
      //stroke(255);
      ellipseMode(CENTER);
      ellipse(x,y,temp_radius,random(temp_radius));
    }
  }
  source.updatePixels();
}

void mousePressed() {
  for (int r = 0; r < radius.length; r++) {
    radius[r] = random(20, 50);
  }

  for (int r = 0; r < radius.length; r++) {
    temp_radius = radius[r];
  }
}
```

第8章 数 组

　　第7章结尾的示例中我们超前地运用了数组的知识，这是故意留下的陷阱，想必你在完成这个示例的时候遇到了很多问题，例如我想把应用在每一个像素上的随机值存储起来，等到调用的时候，能够有序地将存储的值拿出来与像素——对应。如果你遇到了类似需求，说明你开始对数组的使用产生了强烈的需求。假设现在需要处理班级中50名同学的成绩，如果给同学们一个个进行成绩的赋值，不仅麻烦耗时，还容易出错，造成大量的代码在后期维护困难，你需要牢记"编程得会偷懒"，要用最高效的逻辑，最少的代码达到预期的效果，为了提高效率，本章即将开始数组内容的学习。

　　数组，从字面意思上可以理解为"数据排列成的小组"，那就意味着并不是单一的数据，而是很多个数据，那么这个所谓的数组又有什么作用呢？答案就是方便，它可以满足我们大量数据同时处理的需求。

8.1 一维数组的声明、创建与赋值

一维数组（以下简称数组），即只有一个维度的数组，例如一个教室里的任意一列或一行座位，就可以看作是一维数组。我们先来学习如何创建一个数组，创建数组需要对它进行声明，然后再创建、赋值，其语法形式如下：

方式一 —— 静态初始化：

数据类型 [ ] 数组名 = {数组中的各个数值}；

方式二 —— 动态初始化：

数据类型 [ ] 数组名 = new 数据类型[数组长度]；

数组声明比变量的声明多了一对中括号"[]"，这样会告诉编译器你声明了一个数组变量而不是单个变量。在第一种方式里，我们直接对声明的数组进行赋值，该数组的长度是通过大括号内的值的多少决定的；第二种方式是将声明与创建联合起来，提前确定了数组的长度，但该数组形式并没有赋值。

第二种方式也可以拆分开来写，先声明一个数组，然后再创建它，通过new关键字在内存的堆中开辟一部分空间[1]用来存储声明的数组的数据：

数据类型 [ ] 数组名；
数组名 = new 数据类型[数组长度]；

我们把文字转换成代码阅读起来会更加清晰，假设现在需要处理班级中50名同学的成绩，数组的声明与创建形式应该为：

```
float [] score = {依次填入 50 名同学的成绩}；
```

或者：

```
float [] score = new float [50]；
```

或者：

```
float [] score；
score = new float [50]；
```

上面的代码可以解读为，第一种方式我们并没有规定数组的长度，直接在大括号内填入50名同学的成绩即可，该数组的长度就是50；第二种方式我们声明了一个名为score的float类型的一维数组，这个数组的大小为50，即能够存放50个float类型的数据，但此时

---

1. 内存中空间开辟的大小是由数组的数据类型与数组长度决定的。数组名保存在栈空间中，new关键字开辟的空间将数据存储在堆空间中。

并没有填入任何值。

这里需要注意以下三点：

（1）声明与创建的数组前后类型必须统一；

（2）数组长度一旦确定不能够改变；

（3）不能存入与数组类型不相符合的数据。

```
float   [] score = new boolean [50];   //错误：前后类型不统一

float   [] score = new float [2];      //错误：数组长度不能变
score[2] = 95.0;

float   [] score = new float [2];      //错误：数据与数组类型不符
score[0] = true;
```

数组声明与创建完成之后，我们可以对其进行赋值操作，因为现在的数组仅仅是一个什么都没有的"空壳子"。可以通过以下语法形式对数组进行赋值操作，先来看第一种方法：

```
float   [] score = {86.5,99.0,78.1,35.0,68.7,59.5,100.0};
```

这种形式的赋值是连同数组的声明一起产生的，我们此时在大括号内输入了7个同学的成绩，此时名为score的数组的长度就为7，我们可以通过数组的length属性对数组长度进行查看，打印输出score.length，观察数组长度（图8.1.1）。

图8.1.1　通过length属性观察数组长度的示例

用这种方式对数组进行赋值，虽然简洁明了，但是在数据量很大的情况下，容易漏掉一些细节或填入有误的数据从而产生难以检查到的错误。所以在数据量很大的情况下我们对于数组的声明、创建和赋值更倾向于第二种方式：

```
float   [] score = new float [7];
```

同样，score数组的长度为7，意思是最多只能装7个float类型的数据。我们通过在"[]"里面填入整数来对数组的对应位置的值进行写入和读取的操作，这种方法称为下标法。"[]"里面填入整数之后就是下标，它是用来确定要写入或者读取数组的哪一个位置空间的（图8.1.2）。

score数组	86.5	99	78.1	35	68.7	59.5	100
排列顺序	第1个	第2个	第3个	第4个	第5个	第6个	第7个
下标排序	第0个	第1个	第2个	第3个	第4个	第5个	第6个

图8.1.2　数组下标顺序的示例

图8.1.2中的score数组要填入7位同学的成绩，第一位同学的成绩是86.5分，按照普通的排列顺序来说，这位同学是第一个进行成绩录入的，他的排列顺序应该为1，在日常生活中的逻辑确实是这样，但是在数组中，数据的标记都是从0开始的，所以第一位同学的成绩下标顺序为0，第二位同学的成绩下标顺序为1，以此类推，所以第7位同学的成绩在数组中的下标顺序为6。现在我们通过下标法对7位同学的成绩进行录入，通过数组名加上"[下标序号]"[1]来访问数组对应的位置空间：

```
score[0] = 86.5;    //将第1位同学的成绩录入在数组的第一个位置
score[1] = 99.0;
score[2] = 78.1;
score[3] = 35.0;
score[4] = 68.7;
score[5] = 59.5;
score[6] = 100.0;   //将第7位同学的成绩录入在数组的第七个位置
```

我们以此将7位同学的成绩依次录入score数组中去，现在将对第3位和第5位同学的成绩进行查询，因为第3位和第5位同学的下标顺序是2和4，所以通过下标对数组进行访问即可获得第3位和第5位同学的成绩（图8.1.3）：

```
float third = score[2];
float fifth = score[4];
println("第3位同学的成绩是：" + third);
println("第5位同学的成绩是：" + fifth);
```

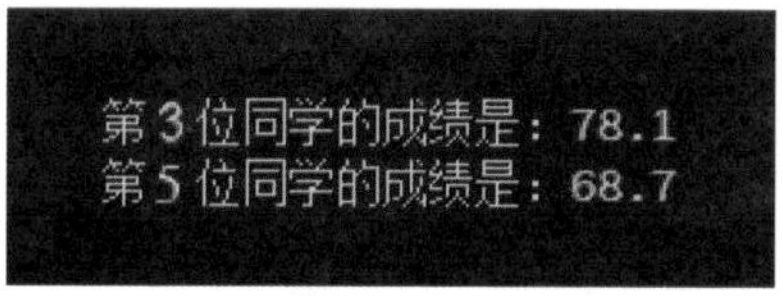

第3位同学的成绩是：78.1
第5位同学的成绩是：68.7

图.8.1.3　第3位和第5位同学的成绩

完整代码如下：

---

1. 因为序号不可能是小数，所以下标的数据类型都为整型。

```
float [] score = new float [7];

score[0] = 86.5;
score[1] = 99.0;
score[2] = 78.1;
score[3] = 35.0;
score[4] = 68.7;
score[5] = 59.5;
score[6] = 100.0;

float third= score[2];
float fifth = score[4];

println("第3位同学的成绩是 : " + third);
println("第5位同学的成绩是 : " + fifth);
```

这样就完成了数组的赋值与访问。但是我们在本章的序言中说的是录入50位同学的成绩，而并非现在的区区7条数据。如果按照现有的方法对50位同学的成绩进行录入与访问，显然是非常烦琐的。能够批量对数组进行赋值或访问的操作，我们可以借用第7章学习的for循环语句，将**数组进行遍历**（图8.1.4）。

图8.1.4　对50位同学的成绩随机赋值的示例

```
float [] score = new float [50];

for (int i = 0; i < score.length; i++) {
  float rand_score = random(50,101);
  score[i] = rand_score;
}
println(score.length + "位同学的成绩已经录入完毕! ");
println(score);
```

首先定义一个名为score的float类型的数组，将数组长度设置为50，通过for语句的每次循环产生一个随机的成绩，成绩范围为50～100分，因为有50位同学的成绩，所以for循环遍历的范围不能超过50（这里用score.length来读取数组的长度，避免手动输入数值而产生错误），否则会引发数组越界的错误，导致程序无法运行。由于for循环语句中的局部变量i的值将会从0一直增加到49，非常符合也适合作为数组的下标对数组进行读写操作，所以将变量i放入数组的下标中，通过变量i内部值的变化，将score数组依次进行赋值操作，for循环语句执行完毕后，将数组打印输出，以查看50位同学的成绩分别是多少。

我们继续完成下一个示例，以便加深对数组的理解和运用。假如现在需要在800×800的画布上画出1000个拥有着随机位置、随机大小和随机颜色的正方形，并且它们要以不同的速度进行自转。

从要求上进行分析，现在已知的是800×800大小的画布，需要1000个正方形，它们的位置、大小、颜色和自转速度全部随机。我们尝试按照要求设计代码。

因为需要图形是动态的，所以要采取Processing的非静态模式，首先依题设置好画布大小：

```
size(800,800);
```

根据题目要求，要产生1000个正方形，且位置是随机的，那要考虑到定义两个数组，数组长度均为1000，一个数组用来存储1000个正方形的x坐标系数，另一个数组用来存储1000个正方形的y坐标系数，同时访问两个数组的第一位数据，组合起来，就确定了第一个正方形在画布上的位置，剩下的方形以此类推。

```
int number = 1000;
float [] x_position;
float [] y_position;
x_position = new float [number];
y_position = new float [number];
```

既然1000个正方形的位置信息能够放在数组里面，那它们的大小、颜色和自转速度等信息也必然能够放在数组里面。

```
float [] rectWdith;
float [] rectHeight;
color [] colors;
float [] angle;

rectWdith = new float [number];
rectHeight= new float [number];
colors = new color [number];
angle = new float [number];
```

新创建了四个长度为1000的数组，分别用来保存这1000个正方形的宽度、高度、颜色和自转角度。现在在draw()函数中通过for循环将以上所有数组的值全部读取出来，并放置到它们应该出现的位置上。

```
pushMatrix();
translate(x_position[i], y_position[i]);
fill(colors[i]);
rotate(angle[i]);
rect(0,0,rectWdith[i], rectHeight[i]);
popMatrix();
```

现在angle数组中保存的旋转角度只是正方形初始化在画布上那一刻时需要旋转的角度，并不会实时发生改变，所以这里需要对angle数组里的每一个旋转角度加上一个偏移值，使正方形旋转起来。

```
angle[i] += random(0.1);
```

这样题目中的全部要求我们就都已经满足了（图8.1.5）。

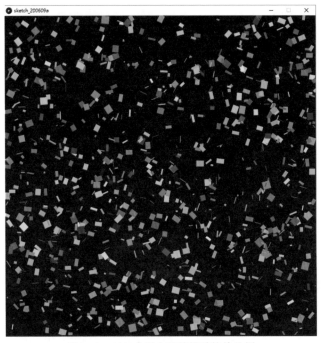

图8.1.5　1000个正方形随机赋值的示例

完整代码如下：

```
int number = 1000;
float [] x_position;
```

```
float [] y_position;
float [] rectWdith;
float [] rectHeight;
color [] colors;
float [] angle;

void setup() {
  size(800,800);
  x_position = new float [number];
  y_position = new float [number];
  rectWdith = new float [number];
  rectHeight= new float [number];
  colors = new color [number];
  angle = new float [number];

  for (int i = 0; i < number; i++) {
    x_position[i] = random(width);
    y_position[i] = random(height);
    rectWdith[i] = random(20);
    rectHeight[i] = random(20);
    colors[i] = color(random(255), random(255), random(255));
    angle[i] = random(2);
  }
  println("各项参数均已随机初始化完毕！");
}

void draw() {
  background(0);
  noStroke();
  rectMode(CENTER);
  for (int i = 0; i < number; i++) {
    pushMatrix();
    translate(x_position[i], y_position[i]);
    fill(colors[i]);
    rotate(angle[i]);
    rect(0,0,rectWdith[i], rectHeight[i]);
    popMatrix();
    angle[i] += random(0.1);
  }
}
```

　　想必现在大家对于数组的理解已经更加深刻，如果我们需要完成图8.1.6所示效果又该如何做到呢？通过鼠标来单击屏幕上的任意方块，就会出现该位置对应图片的像素信息。

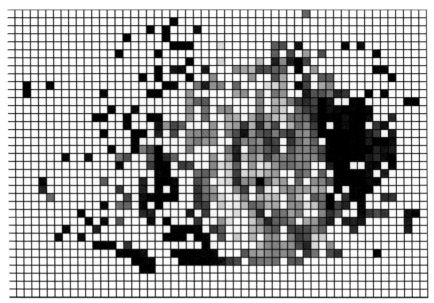

图8.1.6　二维数组的示例

8.2 二维数组的声明、创建与赋值

在8.1节中我们留下了一个思考，如何实现该示例呢？其中涉及一个非常重要的内容就是二维数组。与一维数组相比，二维数组多了一个维度，如果形容一维数组是一条直线，那么二维数组就是一个平面，就如同要在画布上确定一个像素点的位置，需要同时掌握x坐标系的参数和y坐标系的参数一样（表8.2.1）。

表8.2.1　二维数组结构示意

y坐标系 x坐标系	$x[0]$	$x[1]$	$x[2]$	$x[3]$	$x[4]$
$y[0]$	56	12	8	14	66
$y[1]$	9	2	18	21	3
$y[2]$	58	4	65	8	0
$y[3]$	13	10	39	1	53
$y[4]$	65	7	93	23	74
$y[5]$	76	9	45	11	51
$y[6]$	88	41	23	83	20

依照表8.2.1，我们想找到0这个值，需要先找到$x[4]$这一列，然后找到$y[2]$这一行，通

过这两个维度的限定就能够找到0这个值，同样，我们要找到65这个值，就需要找到x[0]这一列和y[4]这一行，或者x[2]这一列和y[2]这一行，你可以多多尝试这种方法来加强理解二维数组的形式。

二维数组，就是有两个维度的数组，我们先来学习如何创建一个二维数组，创建数组需要对它进行声明，而后再创建、赋值，其语法形式如下：

方式一 —— 静态初始化：
　　数据类型 [ ][ ] 数组名 = {{数组的数值},{数组的数值},...};

方式二 —— 动态初始化：
　　数据类型 [ ][ ] 数组名 = new 数据类型[数组长度][数组长度];

第二种方式也可以写成以下形式：

数据类型 [ ][ ] 数组名;
数组名 = new 数据类型[数组长度][数组长度];

在一维数组的示例基础上做个延伸，假设需要对5个班的学生进行成绩的录入，每个班有50位学生，那么用二维数组该如何去完成呢？我们采取第一种方式来看看该如何用代码来描述这一过程。

```
float [][] scores={{95.0,88.5,56.5...},{...},{...},{...},{...}};
```

以上代码中等号右边的大括号内包含着另外5个大括号，且它们之间用逗号进行了分割，因为需要对5个班级进行成绩录入，所以这里有5个大括号。每一个大括号里面存放的就是一个班级所有同学的成绩，由于篇幅限制，这里班级成员的成绩用省略号代替。

静态初始化的方式声明、创建并赋值一个二维数组，特别是数据量庞大的情况下，其复杂程度是惊人的，所以使用动态初始化的方式去声明、创建和赋值一个二维数组是明智的选择。

```
float [][] scores = new float [5][50];
```

我们声明了一个名为scores的二维数组，它的第一维度的长度是5，第二维度的长度是50，这里可以很清晰地将这两个维度对应到需要录入成绩的5个班，每个班50位学生的要求上。我们现在对所有学生的成绩进行录入。

```
scores[0][0] = 95.0;            //录入第1个班级的第1名学生的成绩
scores[0][1] = 35.0;
scores[0][2] = 62.0;
scores[0][3] = 84.0;
scores[0][4] = 99.0;
```

```
scores[0][5] = 64.3;              // 录入第1个班级的第6名学生的成绩
...
scores[0][49] = 88.6;             // 录入第1个班级的第50名学生的成绩

scores[1][0] = 75.0;              // 录入第2个班级的第1名学生的成绩
scores[1][1] = 85.0;
scores[1][2] = 52.7;
...
```

　　这种形式的赋值过程比静态初始化的方式表达得要更加清楚，但是我们依旧不能采取手动赋值的方式，再次借用for循环语句对二维数组进行随机赋值。

```
for (int i = 0; i < scores.length; i++) {
  for (int j = 0; j < scores[1].length; j++) {
    scores[i][j] = random(50, 101);
  }
}
```

　　for循环语句的嵌套使用，能够将一个班级的成绩全部遍历，完成录入之后，再开始下一个班级的成绩录入。这里外层的for循环语句的第二个条件设置中，scores.length用来读取数组的长度，这时读取的是二维数组的第一维度的长度；内层for循环语句的第二个条件设置中，scores[1].length用来读取数组的第二维度的长度，这种方式比直接给定常量要灵活许多，当在数组声明处修改了数组长度的时候，如果使用这种写法，就无须再修改程序中的任何代码。

　　完成所有同学的成绩录入之后，我们再次使用for循环语句将所有同学的成绩打印输出，以便观察（图8.2.1）。

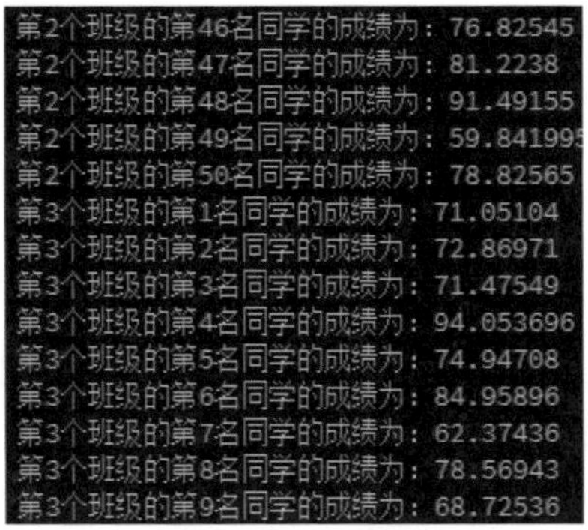

图8.2.1　二维数组的示例

　　完整代码如下：

```
float [][] scores;
```

```
void setup() {
  scores = new float [5][50];
  for (int i = 0; i < scores.length; i++) {
    for (int j = 0; j < scores[1].length; j++) {
      scores[i][j] = random(50, 101);
    }
  }
}

void draw() {
  for (int i = 0; i < scores.length; i++) {
    for (int j = 0; j < scores[1].length; j++) {
      println("第"+(i+1)+"个班级的第"+(j+1)+"名同学的成绩为:"+scores[i]
      [j]);
    }
  }
  noLoop();
}
```

尝试运用二维数组以及前文学习过的知识实现如图8.2.2所示示例，通过鼠标光标的移动对图片的像素点进行填充，颜色随机，且在鼠标光标50个像素范围内的圆形直径逐渐递减，越靠近鼠标光标中心的圆形，直径越小，在按住空格键的时候，所有像素颜色恢复初始状态。

图8.2.2　二维数组的应用

依据题意，先声明一个用于存放图片颜色的二维数组，并在setup()函数里对其进行创建，其各维度的长度由图片的宽与高决定。

```
int [][] save_color;
save_color = new int [img.width][img.height];
```

将图片上每隔一段距离，提取一个像素点的颜色信息放置在save_color二维数组内，并将数组颜色填充至圆形中。

```
for (int x = 0; x < img.width; x+=radius) {
  for (int y = 0; y < img.height; y+=radius) {
    save_color[x][y] = img.pixels[x + img.width * y];
    fill(save_color[x][y]);
```

现在就可以检测鼠标光标与各个像素点之间的距离了，当小于50个像素的时候，它们的直径逐步减小，至鼠标光标处为最小值。

```
float distance = dist(mouseX, mouseY, x, y);
  if (distance < 50) {
  noStroke();
    img.pixels[x+img.width*y]=color(random(255), random(255),
    random(255));
    ellipse(x, y, distance/radius*2, distance/radius*2);
  } else {
    ellipse(x, y, radius, radius);
  }
```

这里使用的dist()函数是用来返回两点之间距离的，这里用来判断鼠标光标与像素点之间的距离。

现在实现最后一个功能，当按住空格键的时候，像素点全部初始化。通过重新读取图片的像素信息并覆盖之前画布上的像素点即可实现这个效果。

```
if (keyPressed && key == ' ') {
    img = loadImage("dog.jpg");
  img.loadPixels();
  for (int x = 0; x < img.width; x+=radius) {
    for (int y = 0; y < img.height; y+=radius) {
      save_color[x][y] = img.pixels[x + img.width * y];
      fill(save_color[x][y]);
      ellipse(x, y, radius, radius);
    }
  }
  img.updatePixels();
}
```

完整的代码如下：

```
PImage img;
int [][] save_color;
int radius;

void setup() {
  size(1024,768);
  img = loadImage("dog.jpg");
  radius = 10;
save_color = new int [img.width][img.height];
}


void draw() {
  background(0);
  img.loadPixels();
for (int x = 0; x < img.width; x+=radius) {
  for (int y = 0; y < img.height; y+=radius) {
    save_color[x][y] = img.pixels[x + img.width * y];
      fill(save_color[x][y]);
    float distance = dist(mouseX, mouseY, x, y);
    if (distance < 50) {
      noStroke();
        img.pixels[x+img.width*y]=color(random(255), random(255),
          random(255));
      ellipse(x, y, distance/radius*2, distance/radius*2);
  } else {
      ellipse(x, y, radius, radius);
      }
    }
    img.updatePixels();
  }

if (keyPressed && key == ' ') {
  img = loadImage("dog.jpg");
  img.loadPixels();
  for (int x = 0; x < img.width; x+=radius) {
    for (int y = 0; y < img.height; y+=radius) {
      save_color[x][y] = img.pixels[x + img.width * y];
      fill(save_color[x][y]);
      ellipse(x, y, radius, radius);
      }
    }
    img.updatePixels();
  }
}
```

8.3 多维数组

多维数组是在二维数组的基础上新增一个或多个维度，如果说二维是一个平面，那么三维就是一个立方体，多维就是在这个立方体上不断增加参考系，这是一系列非常难以理解的维度，所幸多维数组在实际应用中所见不多，但是我们依旧可以根据一维数组和二维数组的内容去使用多维数组。

```
int [][][][] four= new int [2][3][4][5];
```

我们声明了一个四维数组，现在对名为four的四维数组进行赋值并打印输出结果，便于观察（图8.3.1）。

图8.3.1　多维数组的示例

具体代码如下：

```
for (int i = 0; i < four.length; i++) {
  for (int j = 0; j < four[1].length; j++) {
    for (int k = 0; k < four[1].length; k++) {
      for (int l = 0; l < four[1].length; l++) {
        four[i][j][k][l] = (int)random(50, 101);
        println("第一维度的第"+(i+1)+"组");
        println("第二维度的第"+(j+1)+"组");
        println("第三维度的第"+(k+1)+"组");
        println("第四维度的第"+(l+1)+"组");
        println("产生的随机值为 : "+four[i][j][k][l]);
      }
    }
  }
}
```

除最外层的for循环语句之外，里面的三层for循环语句里都有一个four[1].length，为什么这三层都是一样的呢，而不是four[2].length、four[3].length呢？我们来看图8.3.2。

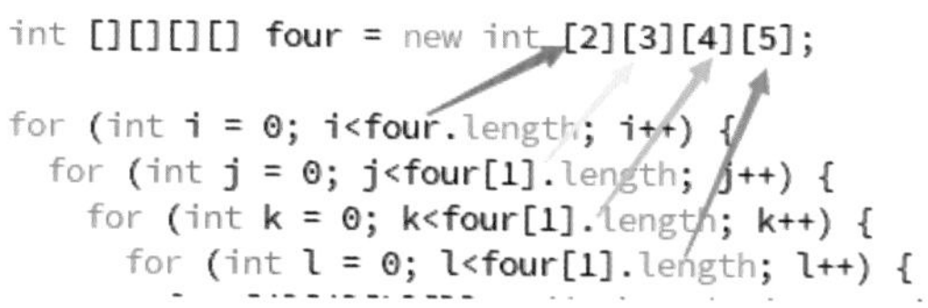

```
int [][][][] four = new int [2][3][4][5];

for (int i = 0; i<four.length; i++) {
  for (int j = 0; j<four[1].length; j++) {
    for (int k = 0; k<four[1].length; k++) {
      for (int l = 0; l<four[1].length; l++) {
```

图8.3.2　多维数组维度的分析示例

第一层的for循环语句中的four.length指向了第一个长度为2的维度，第二层的for循环语句中的four.length[1]指向了第二个长度为3的维度，这里的"[1]"其实很好理解，这是因为第一层的four.length是"[0]"，那么第三层的for循环语句中的four.length[1]为什么也是"[1]"，这是因为第二层for循环语句中的four.length[1]被看作了"[0]"，第四层与第三层同理，这是数组维度之间的相对关系。

8.4 数组常用的方法

Processing内建了数组常用的函数，能够帮助我们快速实现一些基础功能。数组的常用函数有append()、arrayCopy()、concat()、expand()、reverse()、shorten()、sort()、splice()和subset()，现在我们对这些函数进行一一讲解。

append()函数功能是在一维数组的最后的一个位置添加一个新的数据。添加的数据类型必须与数组的数据类型一致。append(array,value)共需要给定两个参数，第一个参数需要填入原始数组，第二个参数填入需要增加的数据。该方法的返回值类型[1]有String[]、byte[]、float[]、char[]、int[]和Object类型，如果使用append()方法来增加boolean类型的数组数据，是无法成功的，因为它对返回的值类型进行了限定（图8.4.1）。

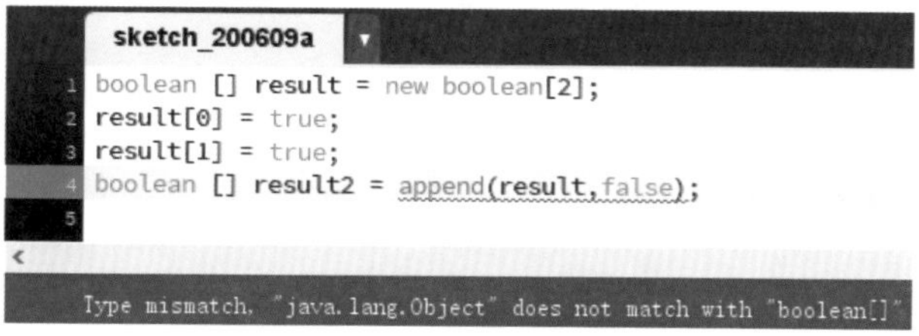

```
sketch_200609a

1 boolean [] result = new boolean[2];
2 result[0] = true;
3 result[1] = true;
4 boolean [] result2 = append(result,false);
5
```

Type mismatch, "java.lang.Object" does not match with "boolean[]"

图8.4.1　append()函数的错误示例

```
int [] result = new int[2];
result[0] = 1;
result[1] = 2;
int [] result2 = append(result,3);
println(result2);
```

1.　这里先忽略什么是返回值类型，在第9章函数中会详细介绍。

之前我们讲解数组的时候提到过，数组的长度一旦确定之后是不能改变的，所以append()函数是返回给调用者一个新的数组。这里的调用者是数组result2，result2的长度是由append()函数返回的数组长度决定的，这里返回的数组长度是在result的基础上增加了一个数据，所以它返回的数组长度为3（图8.4.2）。

图8.4.2　append()函数返回新数组的示例

arrayCopy()函数功能是将一个数组的内容复制到另一个数组上，支持切片（分段）复制，它拥有三种重载形式：

- arrayCopy(src, dst);
- arrayCopy(src, dst, length);
- arrayCopy(src, srcPosition, dst, dstPosition, length);

我们先来学习第一种，当为arrayCopy()函数给定两个参数时，编译器会自动调用arrayCopy(src, dst)的形式，src是源数组，dst是目标数组，将源数组的内容完整复制至目标数组（图8.4.3）。

复制之前的result2数组的内容：0
复制之前的result2数组的内容：0
复制之后的result2数组的内容：1
复制之后的result2数组的内容：2

图8.4.3　arrayCopy(src,dst)函数的示例

```
int [] result = new int[2];
result[0] = 1;
result[1] = 2;
int [] result2= new int[2];

for (int i = 0; i < result.length; i++) {
    println("复制之前的result2数组的内容：" + result2[i]);
}

  arrayCopy(result, result2);

for (int i = 0; i < result.length; i++) {
```

```
    println("复制之后的result2数组的内容：" + result2[i]);
}
```

当为arrayCopy()函数给定三个参数时，编译器会自动调用arrayCopy(src, dst,length)的形式，src是源数组，dst是目标数组，length是限制源数组复制至目标数组的长度（图8.4.4）。

```
复制之前的result2数组的内容：0
复制之前的result2数组的内容：0
复制之后的result2数组的内容：1
复制之后的result2数组的内容：0
```

图8.4.4　arrayCopy(src,dst,length)函数的示例

```
arrayCopy(result,result2,1);
```

因为我们这里设定的复制长度为1，所以result2数组并没有被填满，造成result2数组的第二个位置的内容是没有填充的，这里的0是默认值，当数组没有被赋值的时候，该数组的每一项数值都为0。

当为arrayCopy()函数给定六个参数时，编译器会自动调用arrayCopy(src, srcPosition, dst, dstPosition, length)的形式，src是源数组，srcPosition是源数组的起始位置，dst是目标数组，dstPosition是目标数组的起始位置，length是限制源数组复制至目标数组的长度（图8.4.5），用通俗的语言来描述就是从一个数组的某一个位置开始复制，复制至另一个数组的某一个位置，复制数据的具体长度由length限定。

```
复制之前的result2数组的内容：0
复制之前的result2数组的内容：0
复制之前的result2数组的内容：0
复制之前的result2数组的内容：0
复制之前的result2数组的内容：0
复制之后的result2数组的内容：0
复制之后的result2数组的内容：2
复制之后的result2数组的内容：3
复制之后的result2数组的内容：4
复制之后的result2数组的内容：0
```

图8.4.5　arrayCopy(src, srcPosition, dst, dstPosition, length)函数的示例

```
int [] result = new int[5];
result[0] = 1;
result[1] = 2;
result[2] = 3;
result[3] = 4;
result[4] = 5;
int [] result2= new int[5];

for (int i = 0; i < result.length; i++) {
```

```
    println("复制之前的result2数组的内容：" + result2[i]);
}

arrayCopy(result,1,result2,1,3);

for (int i = 0; i < result.length; i++) {
    println("复制之后的result2数组的内容：" + result2[i]);
}
```

我们将原来的result数组长度进行了扩大，并赋予新的值，我们想把result数组中的2、3、4三个数值（需要复制的数组长度为3）复制到result2数组中的第二、第三和第四个位置上，因为result数组里的数据2排在下标为1的顺序上，result2数组里的第二个位置也是在下标为1的顺序上，所以arrayCopy()的参数设定为arrayCopy(result, 1, result2, 1, 3)。

concat()函数功能是用来连接两个数组，将两个数组的内容进行拼接，新的数组长度是参与拼接的两个数组长度之和（图8.4.6）。concat()函数的参数形式为concat(array1,array2)。

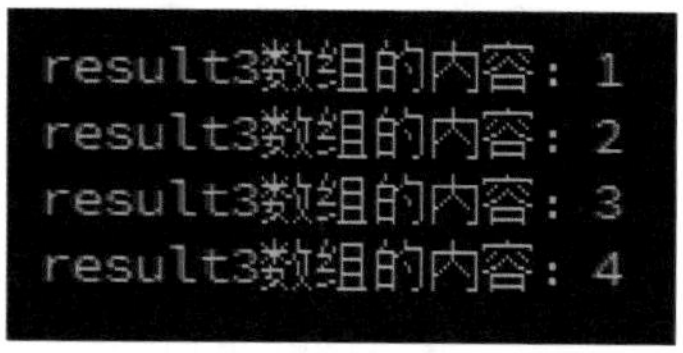

result3数组的内容：1
result3数组的内容：2
result3数组的内容：3
result3数组的内容：4

图8.4.6　concat()函数的示例

```
int [] result1 = new int[2];
int [] result2 = new int[2];
result1[0] = 1;
result1[1] = 2;
result2[0] = 3;
result2[1] = 4;
int [] result3 = concat(result1, result2);

for (int i = 0; i < result3.length; i++) {
    println("result3数组的内容：" + result3[i]);
}
```

expand()函数功能是用源数组的长度来扩充新的数组长度（图8.4.7）。它有两种重载形式：

- expand(array);
- expand(array, newSize);

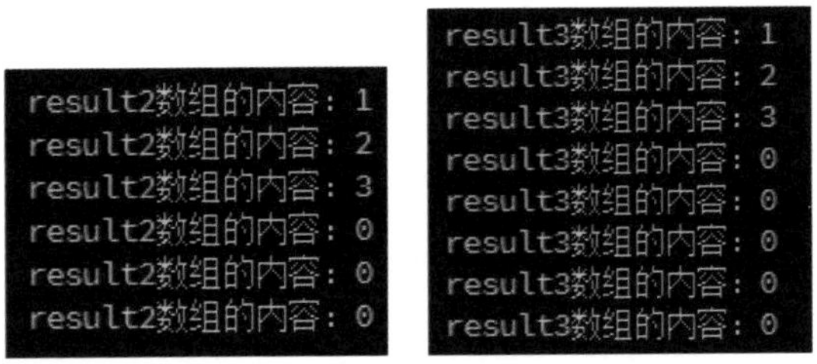

图8.4.7　expand()函数的示例

第一种形式为expand(array)，是用array矩阵的长度乘以2后，作为返回新数组的长度；第二种形式返回新数组的长度可以通过newSize参数来设定。

```
int [] result1 = new int[3];
result1[0] = 1;
result1[1] = 2;
result1[2] = 3;

int [] result2 = expand(result1);
int [] result3 = expand(result1, 8);    //新的数组长度扩充为8

for (int i = 0; i < result2.length; i++) {
  println("result2数组的内容: " + result2[i]);
}
println();
for (int i = 0; i < result3.length; i++) {
  println("result3数组的内容: " + result3[i]);
}
```

expand()函数的返回值类型有Object、String[]、double[]、float[]、long[]、int[]、char[]、byte[]和boolean[]。

reverse()函数功能是将数组中的内容进行反序（图8.4.8）。

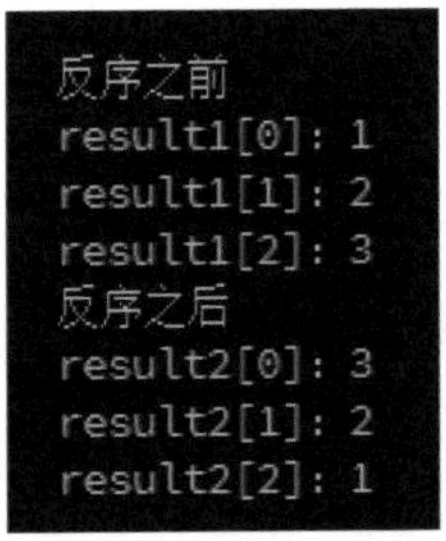

图8.4.8　reverse()函数的示例

```
println("反序之前");
for (int i = 0; i < result1.length; i++) {
```

```
  println("result1["+i+"]:" + result1[i]);
}

int [] result2 = reverse(result1);

println("反序之后");
for (int i = 0; i < result2.length; i++) {
  println("result2["+i+"]:" + result2[i]);
}
```

shorten()函数功能是将数组中的最后一个数值抛出（图8.4.9）。它支持的返回值类型有boolean[]、byte[]、char[]、int[]、float[]、String[]和Object。

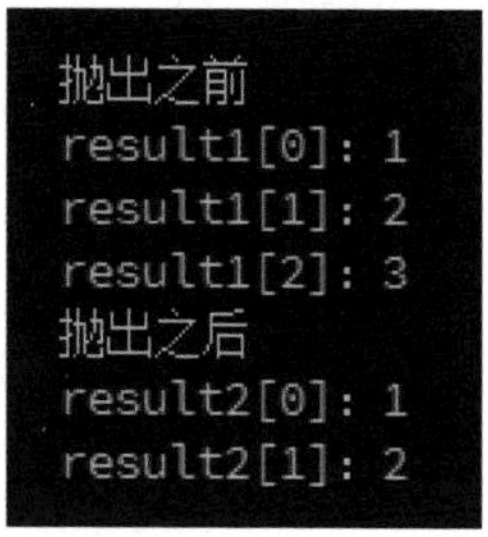

图8.4.9　shorten()函数的示例

```
println("抛出之前");
for (int i = 0; i < result1.length; i++) {
  println("result1["+i+"]:" + result1[i]);
}
int [] result2 = shorten(result1);
println("抛出之后");
for (int i = 0; i < result2.length; i++) {
  println("result2["+i+"]:" + result2[i]);
}
```

sort()函数功能是对数组内容进行正向排序（图8.4.10），它有两种重载形式。

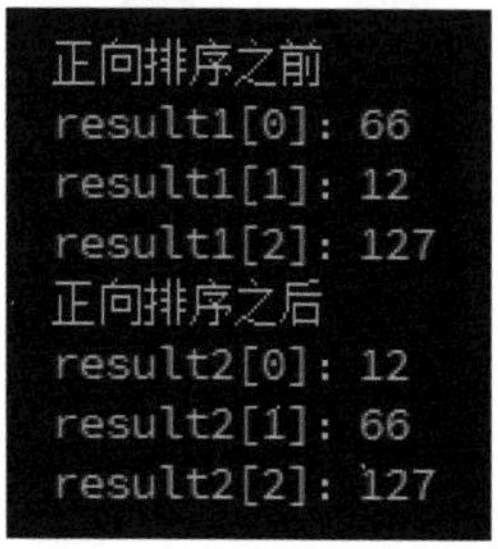

图8.4.10　sort()函数的示例

- sort(array);
- sort(array, count);

```
int [] result1 = new int[3];
result1[0] = 66;
result1[1] = 12;
result1[2] = 127;

println("正向排序之前");
for (int i = 0; i < result1.length; i++) {
  println("result1["+i+"]: " + result1[i]);
}

int [] result2 = sort(result1);

println("正向排序之后");
for (int i = 0; i < result2.length; i++) {
  println("result2["+i+"]: " + result2[i]);
}
```

我们可以通过count参数来设定从数组的哪一个位置开始进行正向排序，这里设定为从数组的第二个位置开始进行正向排序（图8.4.11）。

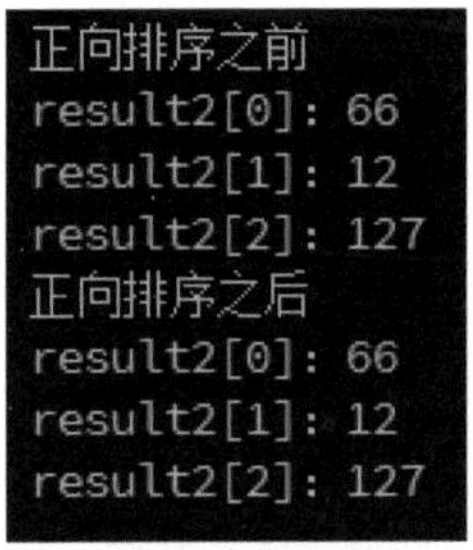

图8.4.11　count参数设定sort()函数的示例

```
int [] result2 = sort(result1, 1);
```

sort()函数的返回值类型有byte[]、char[]、int[]、float[]和 String[]。

splice()函数功能是在数组的某个位置上插入新的数据（图8.4.12）。它的形式为splice(array, value, index)，它的返回值类型有boolean[]、byte[]、char[]、int[]、float[]、String[]和Object。

我们在result2数组里的第二个位置，插入了99这个值。

```
println("插入数据之前");
```

```
for (int i = 0; i < result1.length; i++) {
  println("result1["+i+"] : " + result1[i]);
}
int [] result2 = splice(result1,99,1);

println("插入数据之后");
for (int i = 0; i < result2.length; i++) {
  println("result2["+i+"] : " + result2[i]);
}
```

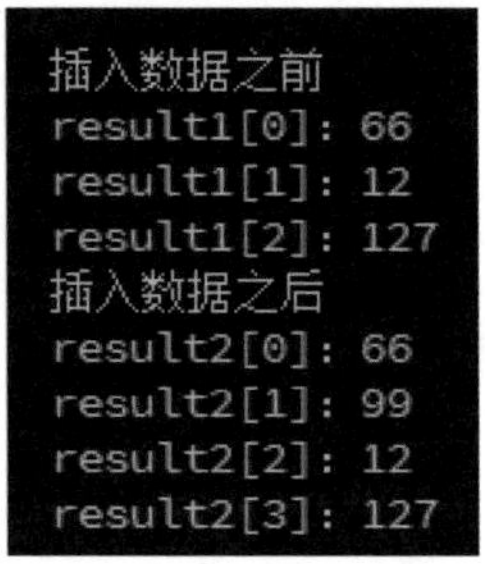

图8.4.12　splice()函数的示例

subset()函数功能是从源数组中截取一部分形成新的数组（图8.4.13），该函数有两种重载形式。

- subset(array, start);
- subset(array, start, count);

图8.4.13　subset()函数的示例

subset()函数的返回值类型有boolean[]、byte[]、char[]、int[]、long[]、float[]、double[]、String[]和Object。

我们在result1数组的第二个位置开始截取，并将新的数组返回给result2数组。

```
println("截取之前");
for (int i = 0; i < result1.length; i++) {
  println("result1["+i+"] : " + result1[i]);
}
```

```
int [] result2 = subset(result1,1);

println("截取之后");
for (int i = 0; i < result2.length; i++) {
  println("result2["+i+"] : " + result2[i]);
}
```

我们可以通过count参数来设定截取数组的长度（图8.4.14），这里设置截取的长度为1。

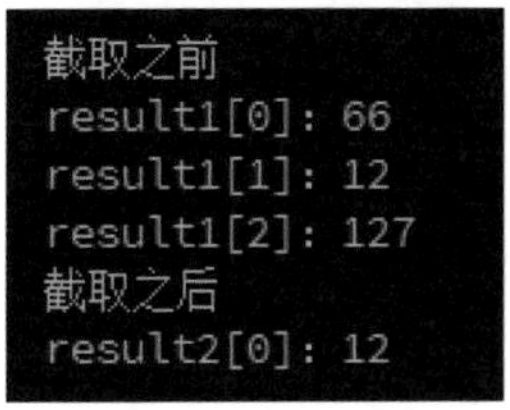

```
截取之前
result1[0]: 66
result1[1]: 12
result1[2]: 127
截取之后
result2[0]: 12
```

图8.4.14　count参数设定subset()函数的示例

```
int [] result2 = subset(result1,1,1);
```

第 9 章

自定义函数

　　本章我们即将开启函数的学习，这与数学的函数有着本质上的区别。函数的复用特性能够减少编程过程中的代码量；它的封装性就如同一个黑盒子，当你设计好这个黑盒子的功能之后，在任何地方去使用这个黑盒子都能实现你已经设计好的功能，并不再需要你从头去书写代码。函数的应用将大幅度地提高工程的运行效率，所以我们对于函数的理解应该是编程上的，而不是数学上的。本章我们将学习如何构建自定义函数，其中涵盖了自定义函数的参数，有无返回值，返回值类型等相关内容。

9.1 无返回值的自定义函数

在之前的学习中，我们接触过许多函数，例如setup()函数、draw()函数，图形绘制的ellipse()函数、rect()函数，颜色填充的fill()函数、stroke()函数等，这些函数称为内建函数，是Processing内部定义的函数，我们直接拿来使用就好了，但是这些内建函数并不能满足我们所有的需求。当我们需要专门去处理一些数据的时候，没有现成的函数能够帮助，这个时候我们可以通过自定义函数来解决。自定义函数是Processing允许用户根据自己的实际需求，按照一定语法规则去设计并调用的代码段。既然是按照一定语法规则去设计，那它对自定义函数的语法格式有着严格地要求。自定义函数的语法格式如下：

```
返回值类型 函数名(){
//设计要实现某个功能的代码

}
```

在自定义一个函数的时候，首先要写这个函数的返回值类型，空格之后为函数起一个通俗易懂的名字（这里的命名方式依旧采用驼峰命名法），紧接着有一对小括号，这里是放置参数的，当自定义函数不需要传入任何参数的时候，可以将小括号的内容空置，但小括号不能够省略，在小括号之后紧跟着一对大括号，这里是放置自定义函数将要实现某种功能代码段的地方。为了能够更加直接地了解自定义函数的语法格式，这里我们使用setup()函数来对照自定义函数的语法格式。

```
void setup(){

}
```

void是setup()函数的返回值类型，意为空，表示setup()函数在运行结束后并不返回任何值给调用者，setup为这个函数的名称，小括号内没有设计参数，大括号内没有书写代码。当然，void和setup都属于Processing的内建关键字，在给自定义函数起名字的时候，应该避免，其命名规则与变量的命名规则一致。

现在我们来动手设计一个自己的自定义函数。

```
void justPrint(){

    println("这是我的第一个自定义函数！");

}
```

我们创建了一个名为justPrint的自定义函数，justPrint并没有变颜色，也没有出现报错，命名符合规则，所以该名称可以作为函数名使用，同时它的返回值类型为空。这个自定义函数的功能非常简单，只是打印输出了一句话。

现在可以设计一个稍微复杂一些的自定义函数。

```
void setAllLine() {
  for (int i = 0; i < width; i+=10) {
    for (int j = 0; j < height; j+=10) {
      line(i, j+10, i+10, j);
    }
  }
}
```

同样，这个名为setAllLine的自定义函数，返回值类型是void，函数体内部的代码比之前稍微有些复杂，它实现的功能是在画布上绘制斜线。

我们单击Processing的"运行"按钮后，观察函数运行结果（图9.1.1）。

图9.1.1　setAllLine自定义函数的示例

如图9.1.1所示，画布上并没有任何效果，这是为什么呢？这是因为我们仅仅是定义好了一个函数，并没有对它进行调用。

9.2 函数的调用

在我们定义好了一个函数之后，需要调用它才能运行，调用函数的方法如下：

我们直接书写函数名加上一对小括号，并以分号结尾即可完成自定义函数的调用。我们可以在任何需要的地方调用自定义函数，现在就来调用9.1节中名为setAllLine的自定义函数（图9.2.1）。

图9.2.1　setAllLine自定义函数调用的示例

```
void setup() {
  size(500, 500);
  background(255);
  setAllLine();              //跳转至第11行，自定义函数所在的位置
}

void draw() {

}

void setAllLine() {
  for (int i = 0; i < width; i+=10) {
    for (int j = 0; j < height; j+=10) {
      line(i, j+10, i+10, j);
    }
  }
}                            //执行完毕后，跳转至第5行，继续执行后续代码
```

我们将setAllLine()函数写在了setup()函数里，在程序运行的时候，代码从第一行开始

执行，当其运行到setAllLine();一行的时候，编译器会跳转到这个自定义函数的位置，在本例中，setAllLine()函数定义在第11行至第17行，执行完setAllLine()自定义函数的所有内容之后，编译器再次跳回第5行继续执行后面的代码。

9.3 带参数的自定义函数

为了让我们的自定义函数更加的方便灵活，会为自定义函数传递一些参数来满足需求。为了让自定义函数能够具备传递参数的能力，我们在之前的自定义函数语法结构上做一些小的变动就可以了。

```
返回值类型 函数名(形参1，形参2……){
//设计要实现某个功能的代码
}
```

在小括号内定义一些形式参数就实现了带参数的自定义函数。那什么是形式参数呢？就是告诉编译器这个自定义函数需要传递参数，传递几个参数，分别都是什么类型的参数。

现在，我们将setAllLine()函数更改成带参数的自定义函数。

```
void setAllLine(int _i, int _j, int interval) {
for (int i = _i; i < width; i += interval) {
  for (int j = _j; j < height; j += interval) {
       line(_i, _j+10, _i+10, _j);
    }
}
}
```

setAllLine()函数目前拥有三个参数，每个参数之间用逗号分隔开。这**三个参数都是形式参数，而不是实际参数**。形式参数在函数的定义部分，编译器并不会为其分配内存空间，只有在该函数调用传入实际值的时候才会被分配内存空间以便运行。

setAllLine()函数的三个形式参数都是int类型，变量_i和变量_j被用在外层和内层的for循环语句的初值表达式中，第三个形式参数被用在它们的循环过程表达式中，作用是控制线段生成的长度和密度，此时的变量_i、变量_j和变量interval都没有被赋予实际的值。

在修改好带参数的setAllLine()函数之后，将要对其进行调用，调用的方法与之前一样，在需要的地方书写完整的函数名，再加上一对小括号和分号，单击"运行"按钮，观察结果（图9.3.1）。

The method setAllLine(int, int, int) in the type sketch_200609a_pde is not applicable for the arguments ()

图9.3.1　setAllLine带参数自定义函数调用的示例

会发现程序没有成功运行，并且抛出了一个错误，意思是"在你所在的工程里，setAllLine(int,int,int)需要三个参数，这三个参数必须是int类型"。我们只有为这三个形式参数赋予实际的值，自定义函数才可以正确运行（图9.3.2）。

图9.3.2　setAllLine()函数设置参数后的示例

现在可以尝试传入不同的值观察结果，这里我们为变量_i、变量_j和变量interval传入150、150和10，传入数值的顺序与形式参数的顺序是一一对应的，也就是说我们为变量_i和变量_j传入了150，为interval传入了10。

```
setAllLine(150,150,10);
setAllLine(int _i, int _j, int interval);
```

这样我们想实现不同的效果，就可以通过更改不同的参数实现了，而不用去调整自定义函数的内部功能，使效果的调试更加直观、简洁和方便。如果我们想多画几个这样的图形在画布上，使线条呈现不同的长度和密度，形成视觉上的层次感，我们只需要多调用几次setAllLine()函数，并给予不同的参数就可以了，不需要再次将这个效果实现一遍，或者重新定义一个函数再调用，其复用性提供了极大的便利（图9.3.3）。

```
setAllLine(120,120,5);
setAllLine(100,100,11);
setAllLine(50,50,8);
setAllLine(10,10,10);
```

图9.3.3　多次调用设置不同参数后的setAllLine()函数示例

　　我们将setAllLine()函数调用了四次（你可以调用更多次），每次都赋予了不同的参数来调整效果。

　　自定义函数的形式参数是否需要设置，需要设置几个参数，都是什么类型的参数，完全是由需求决定的，如果自定义函数需要传入一百个参数，当然，可以写一百个参数，前提是最好记住这些参数的顺序，避免传入错误的实际参数。自定义函数支持我们之前学习到的所有数据类型[1]，还包括Object类型、自定义类的对象、数组和ArrayList容器对象等其他数据类型。

　　这里尝试定义一个新的函数，并为它传入一些不同类型的参数，但其中必须含有数组。

　　现在在画布上绘制一些圆形和方形，到底是绘制圆形还是方形是通过状态来判定的，如果是true值，就绘制一个圆形，如果是false值，就绘制一个方形，所有图形的形状、大小、颜色、位置等信息都储存在各自的数组里（图9.3.4）。

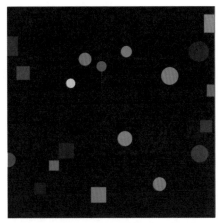

图9.3.4　自定义函数传入数组的示例

　　1.　boolean, byte, char, int, long, float, double, String类型。

先定义一个函数，命名为showInfo，它需要传入六个参数，分别是int类型的形式参数l，用来控制数组的长度；float类型数组的形式参数x，用来控制图形在画布上的x轴坐标系参数；float类型数组的形式参数y，用来控制图形在画布上的y轴坐标系参数；boolean类型数组的形式参数b，用来控制图形在画布上呈现的最终形状；float类型数组的形式参数r，用来控制图形在画布上的大小；color类型数组的形式参数c，用来控制图形在画布上的颜色。

```
void showInfo(int l, float[] x, float[] y, boolean[] b, float[] r,
color[] c) {
    noStroke();
  for (int i = 0; i < l; i++) {
    if (b[i] == true) {
    fill(c[i]);
    ellipse(x[i], y[i], r[i], r[i]);
    } else {
    fill(c[i]);
    rectMode(CENTER);
    rect(x[i], y[i], r[i], r[i]);
        }
    }
}
```

先定义好图形各个属性需要用到的数组，它们分别控制着图形的坐标位置、大小、状态、颜色以及数组的长度。

```
float [] xpos;
float [] ypos;
float [] radius;
boolean [] state;
color [] c;
int lengths;
```

在创建好数组之后，对各个数组进行赋值操作。这里运用了三目运算符的结果对state数组进行赋值，state数组里储存的这些布尔型变量将决定绘制在画布上的是圆形还是方形。

```
for (int i = 0; i < lengths; i++) {
state [i] = random(0,1)>0.5?true:false;
c[i]=color(random(255),random(255),random(255));
xpos[i] = random(0,width);
ypos[i] = random(0,height);
radius[i] = random(20,50);
}
```

调用自定义函数showInfo()，按照形式参数顺序传入实际参数。

```
showInfo(lengths,xpos,ypos,state,radius,c);
```

完整代码如下：

```
float [] xpos;
float [] ypos;
float [] radius;
boolean [] state;
color [] c;
int lengths;

void setup() {
  size(500,500);
  lengths = 20;
  state = new boolean[lengths];
  c = new color[lengths];
  xpos = new float[lengths];
  ypos = new float[lengths];
  radius = new float[lengths];
for (int i = 0; i < 20; i++) {
  state [i] = random(0, 1)>0.5?true:false;
    c[i] = color(random(255),random(255),random(255));
    xpos[i] = random(0,width);
    ypos[i] = random(0,height);
    radius[i] = random(20,50);
  }
}

void draw() {
  background(20);
  showInfo(lengths, xpos, ypos, state, radius, c);
}

void showInfo(int l, float[] x, float[] y, boolean[] b, float[] r,
color[] c) {
  noStroke();
for (int i = 0; i < l; i++) {
  if (b[i] == true) {
      fill(c[i]);
      ellipse(x[i], y[i], r[i], r[i]);
    } else {
      fill(c[i]);
```

```
      rectMode(CENTER);
      rect(x[i], y[i], r[i], r[i]);
    }
  }
}
```

9.4 有返回值的自定义函数

我们已经学习了无返回值的自定义函数，这一节将进入带返回值的自定义函数的学习。我们可以把有返回值的自定义函数想象成为一个一体机，当对着这个电脑进行操作的时候，它一定会给你一个反应，这个反应也许是打开了一个游戏，或是打开了一个文档，或是死机，总之，它一定会给你一个结果，而在自定义函数里，这个反馈的结果我们是可以控制的，而不是充满不确定性的。那自定义函数如何将一个结果反馈给我们呢？是通过return关键字完成的，这个关键字能够把想要的处理结果反馈给调用者。这里要强调一下调用者，是因为谁调用了这个带返回值的自定义函数，函数的结果就会给谁。

定义一个自定义函数与之前的语法结构大致一样，只是有两点区别：

（1）带有返回值的自定义函数的返回值类型不能为void。

（2）带有返回值的自定义函数体内必须有关键字return。

第二点区别非常好理解，可是第一点中返回值类型不能为void，那可以为什么呢？我们之前就回答了这个问题，boolean, byte, char, int, long, float, double, String以及Object类型以及数组、容器等形式。这里也许看上去会开始糊涂，没有关系，我们现在进行一个示例的练习。

```
int getAge() {
    int myAge = 18;
    return myAge;
}
```

我们将返回值类型由void改成了int类型，意味着这个函数在执行完毕后会返回一个int类型的值给调用者。同时增加了return关键字，因为是通过return关键字才能够做到"反馈"的功能，如果返回值类型不为void，且忘记了写上return关键字，此时的编译器会提示错误，并不能成功运行代码。

这个名为getAge的自定义函数，从字面上就能理解它的功能，这个函数运行完了之后会返回一个年龄数值，那么年龄我们一般情况下会用整数类型来表示，所以第一行代码，变量myAge就被定义成了int类型。如果喜欢定义成String类型，也是可以的。给变量myAge赋予了一个值，然后通过return关键字将变量myAge进行了返回，这里需要注意的是，返回的变量类型必须与函数的返回值类型一致，在getAge自定义函数中，变量myAge为int类型，且变量myAge被返回，所以getAge自定义函数的返回值类型必须是int类型。

完成了getAge()自定义函数的功能设计后，我们来调用它（图9.4.1），运行程序并观察结果。

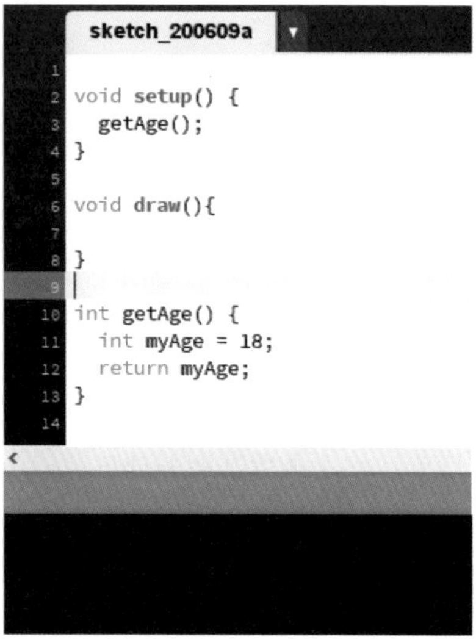

```
sketch_200609a                    ▼
1
2   void setup() {
3     getAge();
4   }
5
6   void draw(){
7
8   }
9
10  int getAge() {
11    int myAge = 18;
12    return myAge;
13  }
14
```

图9.4.1　带返回值自定义函数的示例

程序成功运行，但并未出现任何结果，通常程序没有出现错误提示且能成功运行，说明出现的错误非常隐蔽。这里的问题出在我们之前一直在强调的"调用者"并不存在，带返回值的自定义函数是会把结果返回给调用者的，所以我们需要定义一个"调用者"。

```
int theAge  = getAge();       //调用者theAge
println("年龄为：" + theAge);
```

我们定义了一个名为theAge的整型变量，它就是我们的调用者。可以将getAge()自定义函数想象成一台电脑，而变量theAge就是操作者，操作者在对电脑进行操作，操作完成后，它要给个结果反馈给操作者，也就是说当getAge()运行完毕后，这时变量theAge就接收到了getAge()自定义函数运行结果的反馈（图9.4.2）。

年龄为：18

图9.4.2　返回getAge自定义函数值的示例

把带有返回值的自定义函数与传参结合起来，函数的功能会越发的灵活与强大。

```
String getNumber(String s) {
    return s;
}
```

这里定义了一个名为getNumber的自定义函数，返回值类型为String,传入的参数也是String类型，我们直接将传入的值进行返回（图9.4.3）。

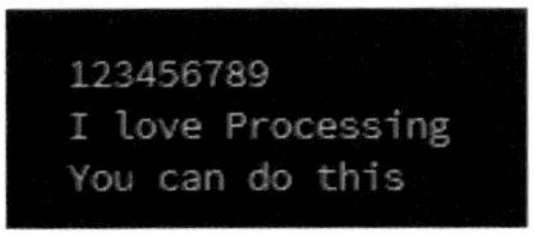

```
123456789
I love Processing
You can do this
```

图9.4.3　带参数带返回值自定义函数的示例

具体代码如下：

```
void setup() {
  String num1 = getNumber("123456789");
  String num2 = getNumber("I love Processing");
  String num3 = getNumber("You can do this");
  println(num1);
  println(num2);
  println(num3);
}

void draw(){
}

String getNumber(String s) {
return s;
}
```

将带参数且有返回值的自定义函数进行多次调用并传入不同的内容，能够得到不同的处理结果。

现在，我们思考一下如何让自定函数返回一个数组。

```
int [] getArray(int [] s) {
 for (int i = 0;i < s.length;i++) {
    s[i] += 1;
  }
return s;
}
```

getArray()自定义函数是用来返回数组的，它实现的功能是将从参数位里传入的数组每项进行加1的操作，返回值类型是数组，我们需要按照"类型 []"的方式将自定义函数的返回值设置为数组。

定义一个数组并为之赋值：

```
int [] id;
id = new int[5];
id[0] = 15;
id[1] = 52;
id[2] = 37;
id[3] = 40;
id[4] = 88;
```

创建一个int类型数组result作为"调用者"，准备用来接收getArray()自定义函数的返回值：

```
int [] result;
```

对函数进行调用查看结果（图9.4.4）。

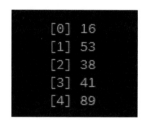

图9.4.4　返回值为数组的自定义函数的示例

从结果来看传入的数组每项都被执行了加1的操作后返回。

完整代码如下：

```
int [] id;

void setup() {
id = new int[5];
  id[0] = 15;
  id[1] = 52;
  id[2] = 37;
  id[3] = 40;
  id[4] = 88;
int [] result = getArray(id);
  println(result);
}

void draw() {
}
```

```
int [] getArray(int [] s) {
  for (int i = 0;i < s.length;i++) {
    s[i] += 1;
  }
  return s;
}
```

可以尝试更多不同返回值类型的自定义函数进行练习。

9.5 自定义函数的重载

前文的内容常常提到"重载"一词，"某某函数的重载形式有几种"等等。我们定义一个变量也好，或是自定义函数也好，它们的名字是区分大小写且唯一的。那函数的重载是最能直接改变我们对命名规则的认知，因为可以用同一个函数名称定义很多个不同的函数。我们来回忆一个熟悉的例子：arc()函数[1]。

```
arc(x,y,width,height,start,end);
arc(x,y,width,height,start,end,mode);
```

arc()函数有两种重载形式，**当输入六个参数的时候，系统会自动调用第一种形式，当输入七个参数的时候，系统会自动调用第二种形式**，函数的名称并没有任何改变，只是参数的个数发生了变化，丰富了arc()函数的功能同时也减少了需要记忆更多的函数名称。

函数的重载有三个必须遵守的规则：

（1）函数名必须相同。

（2）参数类型不同、参数顺序不同或参数个数不同。

（3）与函数的返回值类型无关。

我们来定义个show()函数，并将它进行重载，该函数无返回值。

```
void show(){
  println("我是show函数");
}

void show(int i){
  println("我是show函数的重载函数,并且带有参数,值为 : " + i);
}
```

---

1. arc()函数在图形绘制的章节。

```
void show(float i,int j){
  println("我是show()函数的重载函数,带有两个参数,和为:" + (i+j));
}

void show(int i,float j){
  println("我是show()函数的重载函数,参数顺序不同,和为:" + (i+j));
}
```

把show()函数重载了三次,这三次之间的差别是**有无参数的差别**、**参数个数的差别**以及**参数顺序的差别**。

现在对上例中的四个show()函数调用,运行并观察结果(图9.5.1)。

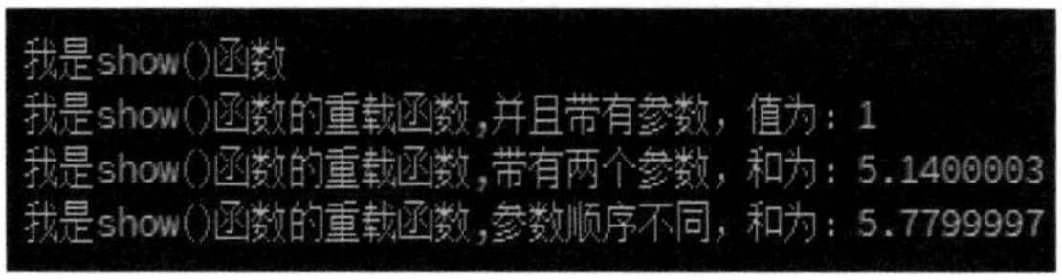

图9.5.1　show()函数重载的示例

完整代码如下:

```
void setup() {
  show();
  show(1);
  show(3.14,2);
  show(5,0.78);
}

void draw() {
}

void show(){
  println("我是show函数");
}

void show(int i){
  println("我是show()函数的重载函数,并且带有参数,值为:" + i);
}

void show(float i,int j){
  println("我是show()函数的重载函数,带有两个参数,和为:" + (i+j));
}

void show(int i,float j){
```

```
    println("我是show()函数的重载函数,参数顺序不同,和为:" + (i+j));
}
```

9.6 再谈自定义函数参数传递与返回值类型

自定义函数的参数传递与返回值类型除了基础类型之外,还可以传递和返回类的对象。**类的对象既是数据的载体,也是数据类型的一种**,类与对象涉及面就非常的广了,除了Processing内建的类,还包括按照一定规则创建的自定义类[1]。

参照带返回值类型的自定义函数语法结构:

返回值类型 函数名(形参1,形参2......){
    //设计要实现某个功能的代码
    return 类的对象
}

这里的返回值类型并不是指之前学习过的基础数据类型,而是自定义类。return关键字后返回的数据类型为该自定义类的对象,可以把类与对象都想象成一种数据类型,如int、float、boolean等。

我们先自定义一个简单的类,将其命名为MyClass,并包含了一个变量id,将其赋值为10:

```
class MyClass {
    public int id = 10;
}
```

再创建一个自定义函数,用来返回Myclass类的对象:

```
MyClass haveATry(MyClass t) {
    t.id+=1;
    return t;
}
```

创建的自定义函数名为haveATry,它需要你传递一个MyClass类型的对象,其返回值类型也必须为MyClass类型的对象,它的功能是将MyClass类型的对象的变量id进行加1操作,同时修改MyClass类型对象的名字属性。

我们在初始化对象之后,进行haveATry()函数的调用,运行程序并查看结果(图9.6.1)。

---

1. 关于类与对象的内容将在第10章详细讲解。本章内讲解只是作为知识点的补充。

图9.6.1　自定义函数返回类对象的示例

可以看到MyClass类的对象t，它的id属性已经被修改为11，name属性的值由Tony修改为Disney。haveATry()自定义函数的功能正常。

完整代码如下：

```
MyClass t;
PFont f;

void setup() {
  size(200,200);
  t = new MyClass();
  t = haveATry(t);
  println("MyClass类的对象 t 的 id 属性的值被修改为 :" + t.id);
  println("MyClass类的对象 t 的 name 属性的值被修改为 " + t.name);
  f = loadFont("AgencyFB-Reg-48.vlw");
}

void draw() {
  textFont(f);
  textAlign(CENTER,TOP);
  fill(#3E5CFF);
  text("id : " + str(t.id),50,75,100,100);
  text(t.name,50,0,100,100);
}

class MyClass {
  public int id = 10;
  public String name = "Tony";
}

MyClass haveATry(MyClass t) {
    t.id+=1;
    t.name = "Disney";
    return t;
}
```

虽然本例中涉及许多没有学习过的知识，但是只需要理解在本例中的自定义函数能够传递与返回更多的高级数据类型即可。

第10章 类与对象

　　从本章开始我们即将进入面向对象高级特征的学习。"人生处处皆对象，生活无处不封装"，如果你有过面向对象的编程经历或者你是一名资深的程序员，对这句话应该不陌生。是的，不论学习Java、Python、C++还是C#，它们都有一个共同点——面向对象。难道说我们学习的Processing也是面向对象吗，好像一直到现在也没有体会到什么是面向对象。其实从第1章起，就已经在使用对象了，我们学习过的int类型、float类型、boolean类型、String类型等，这些类型在声明定义时的变量就是它们类型的对象[1]。也许这句话现在非常拗口生涩且难以理解，本章节我们就类与对象的内容展开深入仔细地探讨，在内容学习完成之后，将明白什么是类，什么是对象，如何创建一个自定义类，如何声明与定义对象，this关键字，权限修饰符，构造函数，构造函数与成员方法的重载以及包含与数据传递。

　　1.　有关隐式类型转换与自动类型转换的内容超过Processing实际应用中的范围，故有关这两类转换的问题，本书不深入探讨。

10.1 类与对象的关系

《战国策·齐策三》中有句典故相信大家都非常熟悉，"物以类聚，人以群分"，它用于比喻同类的东西常聚在一起，志同道合的人相聚成群，反之就分开，是朋友之间门当户对、志同道合的统称。我们需要重点关注的是**"比喻同类的东西常聚在一起"**这句话。在我们的思维中，会自觉地把生活中遇见林林总总的东西进行一个分类，比如：当你在广场上遇见一只鸽子，你可能会把它归为鸟类、禽类或者范围更加的大一些，如动物类；当你在野外遇见了一只老虎，你可能会判断它是东北虎、华南虎还是孟加拉虎；当你在植物园观赏花卉的时候，是按照品种进行观赏，还是按照颜色进行观赏，或是按照花瓣大小进行观赏。虽然这些举例很多不符合我们在日常生活中的逻辑，但是它们至少说明了一个特点，类别都是相对的、模糊的且宽泛的。类，就是一切同一事物的统称，比方说哺乳类、人类、交通工具类、食物类、资源类等，这些范围都非常的抽象，不指向某一个具体的物体，而是一个大的范围内所有物体的统称（图10.1.1）。

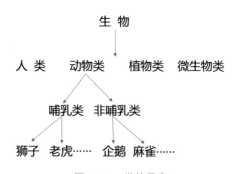

图10.1.1　类的示意

图10.1.1中的狮子类和老虎类还能继续往下分：美洲狮类、东北虎类、华南虎类，等等。同样企鹅类和麻雀类也能继续往下分：麦哲伦类、帝企鹅类、加拉帕戈斯类、家麻雀类、山麻雀类、黑顶麻雀类，等等。

那对象又是什么？对象就是类具体化后的个体，也被称为实例化。用东北虎来举例说明，东北虎是一个类，那这个类的对象该怎么去描绘它呢？东北虎的对象是：它的名字叫小花，生活在北京动物园里，是一只浑身充满黑黄相间的毛色，有着健壮的四肢、两只非常有神的眼睛和锋利的牙齿，脖子上挂着一根白色的项圈，具有攻击性，能跑、跳、捕食、睡觉、嬉戏、繁衍，等等。通过这样的描述，在你的脑海中是否会出现了这只老虎的样子，并且你还知道了这只老虎的名字、样貌和所在地，如果我需要在全世界范围内去找到这只老虎，只需要提供它的名字、样貌和所在地等信息就足够了。全世界的东北虎与这一只叫小花的东北虎之间的关系，就是**类与对象的关系，一个是抽象的，一个是具体的**（图10.1.2）。

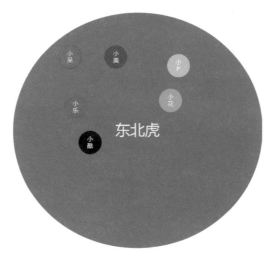

图10.1.2　类与对象的关系

10.2 自定义类

在了解了类与对象的关系之后，我们需要创建一个自定义类，然后将这只叫小花的东北虎实例化出来。在Processing中创建一个自定义类需要使用class关键字，它的语法形式如下：

```
class 类名{
}
```

这个形式看上去比自定义函数要简单许多。class关键字后面加上类的名称后，紧跟一对大括号即可完成类的创建，在类的命名上基本要求与变量的命名方式相同，只是类名的首字母需要大写，这并不是强制性的规定，只是一种约定俗成的书写习惯。

根据之前学习自定义函数的经验来看，大括号内是用来设计功能性代码段的地方，类也如此。这里我们需要将东北虎小花的信息写在里面，那我们需要写哪些信息呢？让我们再次回顾关于东北虎小花的描述"它的**名字叫小花**，**生活在北京动物园里**，**是一只浑身充满黑黄相间的毛色**，**有着健壮的四肢**、**两只非常有神的眼睛和锋利的牙齿**，**脖子上挂着一根白色的项圈**，**具有攻击性**，**能跑**、**跳**、**捕食**、**睡觉**、**嬉戏**、**繁衍**，等等"。名字、住址、毛色、健壮的体魄、有神的眼睛、锋利的牙齿、白色的项圈和攻击性都是东北虎小花具备的标识；跑、跳、捕食、睡觉、嬉戏、繁衍是东北虎小花能做的事情，也可以称为能力。所以类的大括号内要设计的代码段大致分为两部分：属性和方法，属性即是标识，方法即是能力。

现在我们创建一个东北虎类，并将这些属性和方法都用代码的形式体现出来。

单击工程页签标题右侧的箭头，在弹出的菜单中选择"新建标签"，或者按住快捷键Ctrl+Shift+N，创建一个新的页签用来书写东北虎类的代码，在弹出的"新文件名"对话框中为页签起一个名字，本例中输入Tiger，并单击"确认"按钮（图10.2.1）。

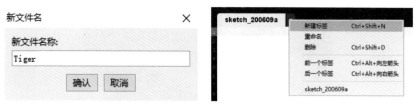

图10.2.1　新建页签

在Tiger页签中输入以下代码：

```
class Tiger {
// 属性部分
public String name;
public String address;
public String neckletColor;
public String furColor;
public String gender;
public boolean isStrong;
public String detailOfEyes;
public String detailOfteeth;

// 方法部分
public void run() {
    println(name + "跑得非常快！");
  }

public void jump() {
    println(name + "跳得非常高！");
  }

public void hunt() {
    println(name + "喜欢捕食而不是喂养");
  }

public void sleep() {
    println(name + "喜欢睡觉！");
  }

public void nextGeneration() {
```

```
        println(name + "可以繁殖后代！");
    }
}
```

一个Tiger类就创建完成了。按照之前的文字描述，代码设计也分为了两大部分：属性（标识）和方法（能力）。这里并不需要理解public是什么意思，在后文中会详细讲解。这时一定会提出疑问，这些所谓的方法不就是函数吗？没错，形式上完全一样，只是它们被写在了类中，就被称为方法。属性和方法各分为两类，分别是成员属性和类属性，成员方法和类方法[1]，本例中声明的属性和方法都是**成员属性**和**成员方法**。所以在听到或看到"**调用……方法的**"时候那一定是涉及类与对象，在"**调用……函数的时候**"，那一定是内建函数或自定义函数，要做好两者在叫法上的区分。

回到第一个工程名页签，用非静态的方式运行工程，发现此时并没有任何结果，因为当类定义完成之后，它并没有在内存当中运行，并且类是一个高度抽象的概念，不能够直接调用，必须实例化成对象才可以使用。

10.3 声明与定义对象

当我们完成了类的创建之后，还需要将类进行实例化。通过类的对象来访问自定义类中的所有属性与方法，这就涉及对象的声明与定义，对象的声明与定义语法形式如下：

类的名称 对象名 = new **类的名称**();

也可以将声明与定义的步骤拆分开：

类的名称 对象名;
对象名 = new **类的名称**();

这种形式看上去非常眼熟，是不是在定义变量和定义数组的时候与这种语法形式非常相似？答案是肯定的，因为它们都是类与对象的关系。举个简单的例子，当我们声明和定义一个整型变量的时候为：

```
int a = 15;
```

实际上这条语句实现过程为：

```
Integer a = new Integer(15);
```

---

1. 类属性与类方法都是用static关键字修饰的，是属于类的，并不是属于某一个对象的。

```
println(a);
```

这种形式是不是看上去又很熟悉，没错这就是类的对象的声明与定义。int类型的类名就是Integer，而变量a就是Integer类的对象，而int a = 15这种声明与定义过程实际是将以上过程进行了隐式转换，但是其本质是相同的。通过这个小示例的讲解你会对面向对象的理解更加深入一些。

现在对自定义类Tiger进行实例化操作：

```
Tiger littleFlower;

void setup() {
    littleFlower = new Tiger();
}

void draw() {
}
```

为了能够贴合之前的内容，这里我们为这个对象起名为litterFlower，也可以理解为litterFlower是Tiger类型的变量。现在，通过对象litterFlower就可以访问Tiger类中所有的属性与方法，访问的语法形式如下：

```
对象名.属性
对象名.方法
```

通过成员访问符号"."来完成对属性和方法的访问，也称为调用。这里的访问不仅仅是读取成员属性的值，也可以为这些属性赋值。由于在类的创建过程中，Tiger类的各项属性都没有被赋值，仅仅是声明出来了，所以我们需要对这些属性进行赋值，这里需要注意，并不是为Tiger类的这些属性赋值，而是为litterFlower对象的这些属性进行赋值，因为litterFlower是Tiger类的对象（也叫作实例），它具有Tiger类中的所有属性和方法，可以将Tiger类理解为印制钞票的电板，litterFlower则是从电板上印制出来的钞票。

```
    littleFlower.name = "小花";
    littleFlower.address = "北京动物园";
    littleFlower.neckletColor = "白色的项圈";
    littleFlower.furColor = "黄黑色的毛";
    littleFlower.gender = "雌性";
    littleFlower.isStrong = true;
    littleFlower.detailOfEyes = "有神的眼睛";
    littleFlower.detailOfteeth = "锋利的牙齿";
```

我们将litterFlower对象的所有属性都根据之前的文字性描述赋予了对应的值，这样

litterFlower对象变得越发具体。现在把这些属性进行打印输出，查看它们是否被正确的赋值（图10.3.1）。

图10.3.1　打印litterFlower对象的属性

```
println(littleFlower.name);
println(littleFlower.address);
println(littleFlower.neckletColor);
println(littleFlower.furColor);
println(littleFlower.gender);
println(littleFlower.isStrong);
println(littleFlower.detailOfEyes);
println(littleFlower.detailOfteeth);
```

先不着急调用litterFlower对象的成员方法，而是声明和定义另一个东北虎的对象，并将属性进行赋值（图10.3.2）。

图10.3.2　打印新建对象king的属性

```
king.name = "王者";
king.address = "武汉动物园";
king.neckletColor = "红色的项圈";
king.furColor = "黄黑色的毛";
king.gender = "雄性";
king.isStrong = true;
king.detailOfEyes = "有神的眼睛";
king.detailOfteeth = "锋利的牙齿";

println(king.name);
```

```
println(king.address);
println(king.neckletColor);
println(king.furColor);
println(king.gender);
println(king.isStrong);
println(king.detailOfEyes);
println(king.detailOfteeth);
```

新创建的对象king也有同litterFlower对象一样的属性，但是我们却赋予了它不同的值，这样一来，对象king和对象litterFlower虽然都有着相同的属性和方法，但是通过赋予不同的值，将king与litterFlower两个对象区分开来，它们两个可以理解成两只独立的东北虎，即便它们的所有信息都源于东北虎Tiger类，但它们依旧是两只不同的个体。

我们再来调用litterFlower对象的方法（图10.3.3）。

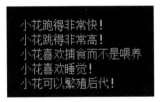

图10.3.3　打印对象litterFlower的方法

```
littleFlower.run();
littleFlower.jump();
littleFlower.hunt();
littleFlower.sleep();
littleFlower.nextGeneration();
```

我们再来调用king对象的方法（图10.3.4）。

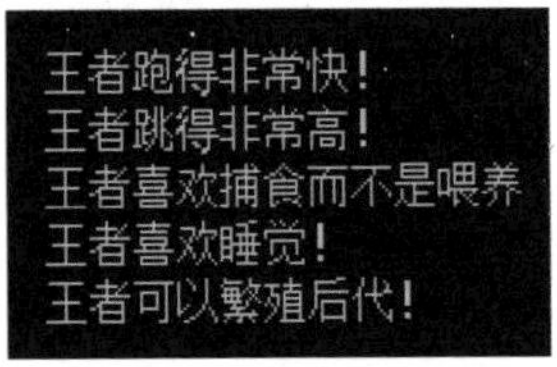

图10.3.4　打印对象king的方法

```
king.run();
king.jump();
king.hunt();
king.sleep();
king.nextGeneration();
```

通过结果我们可以看到，对象king和对象litterFlower都成功调用了自己的方法。

尝试通过类的方式来完成以下示例（图10.3.5），这个示例是在画布中绘制了一个Toggle按钮，当你选中它时，会在按钮中间出现一个叉，当你再次选中时，该按钮的状态被反选，叉会消失。

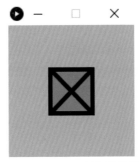

图10.3.5　Toggle 按钮的示例

根据示例对功能的描述，这个Toggle按钮对象应该具备位置、大小、颜色、状态等属性和可以被选中和显示图形动态绘制结果的方法。我们将该类名称命名为Check。

将其属性变成代码，属性x和属性y用来控制Check类对象在画布中的位置，属性size用来控制Check类对象在画布中的大小，属性checked用来判断Check类对象在画布中的状态：

```
int x, y;
int size;
boolean checked;
```

属性全部设置完成后，进一步设置Check类的方法，首先设计它被按下的逻辑，这里的变量mx和变量my是计划将鼠标的实时位置进行传入，同时将鼠标的坐标进行限制，只有当鼠标进入到了Toggle按钮的范围之内，按键效果才允许被实时，同时对Toggle按钮被按下的状态进行逻辑取反操作，即被按下的时候，checked属性为true，再次被按下的时候，checked属性为flase，以此类推。Check类中控制逻辑的方法命名为press：

```
void press(float mx, float my) {
  if ((mx >= x)&&(mx <= x+size) && (my >= y)&&(my <= y+size)) {
    checked=!checked;
    }
}
```

逻辑控制方法完成后，需要一个显示方法，将Toggle按钮绘制在画布上，Check类中控制图形绘制的方法命名为display：

```
void display() {
  stroke(0);
  strokeWeight(5);
```

```
  fill(125);
  rect(x, y, size, size);
  if (checked==true) {
    line(x, y, x+size, y+size);
    line(x+size, y, x, y+size);
  }
}
```

Check类所有的属性与方法全部设计完成之后，需要在非静态模式中将Check类进行实例化。这里将对象命名为toggle，并为对象的所有属性进行赋值：

```
Check toggle=new Check();
toggle.x = 50;
toggle.y = 50;
toggle.size = 50;
toggle.checked = false;
```

调用mousePressed事件函数或者通过关键字方式来完成鼠标对toggle对象的逻辑操作，将鼠标的实时位置传入到toggle对象的press()方法中。

```
Void mousepressed(){
toggle.press(mouseX, mouseY);
    }
```

在draw()函数里调用toggle对象的图形绘制函数，实时更新toggle对象的状态。

```
toggle.display();
```

Check类的完整代码如下：

```
class Check {
  int x, y;
  int size;
  boolean checked;

void press(float mx, float my) {
if ((mx >= x)&&(mx <= x+size) && (my >= y)&&(my <= y+size)) {
    checked=!checked;
    }
}

void display() {
  stroke(0);
  strokeWeight(5);
  fill(125);
```

```
  rect(x, y, size, size);
  if (checked==true) {
    line(x, y, x+size, y+size);
    line(x+size, y, x, y+size);
    }
  }
}
```

主程序的完整代码如下：

```
Check toggle=new Check();

void setup() {
  size(150,150);
  smooth();
  toggle.x = 50;
  toggle.y = 50;
  toggle.size = 50;
  toggle.checked = false;
}

void draw() {
  background(180);
  toggle.display();
}

void mousePressed() {
  toggle.press(mouseX, mouseY);
}
```

10.4 权限修饰符

　　权限修饰符是用来限制自定义类中的属性或者方法被访问的权限的，属于面向对象编程的三大特性之一——封装，在之前的代码中曾经出现过。这一节将对权限修饰符进行详细地讲解，权限修饰符在Processing平常的实际自定义类中用得并不多，但是为了保证避免许多数据被不正当的修改和继承过程中人为错误地进行访问，使用权限修饰符就能够解决这一问题。

　　权限修饰符分为public（公有的）、private（私有的）和protected（保护的）。

　　public权限修饰符意为公共的、共有的。被public关键字修饰的变量或方法，在它的本类中、子类中、同包类中以及其他类中都可以无障碍地对其进行访问和数据修改。

以东北虎小花为例，我们需要更改它的名字，只需要通过对象调用属性，进行赋值更改即可。

```
public String name;
littleFlower.name = "小花改名为小呆";
```

我们再定义一个与东北虎类没有任何关系的新类，Alien类，意为"外星人"。

```
class Alien {
  public void getInfo(Tiger t) {
    println(t.name);
  }
}
```

在Alien类中没有定义任何属性，只是定义了一个名为getInfo的方法，用来读取Tiger类对象的名字并打印输出（图10.4.1）。之前我们已经将小花的名字改变成了"小花改名为小呆"。

图10.4.1　Alien类访问Tiger类对象name属性的示例

部分代码如下：

```
Tiger littleFlower;
Alien jack;

void setup() {
  littleFlower = new Tiger();
  jack = new Alien();
  littleFlower.name = "小花改名为小呆";
  jack.getInfo(littleFlower);
}
```

Alien类的对象命名为jack，jack对象通过getInfo方法，将Tiger类的对象littleFlower传入参数位后，顺利读取到littleFlower的name属性，同样我们也可以通过这种方式去修改littleFlower的name属性（图10.4.2）。

图10.4.2　Alien类修改Tiger类对象name属性的示例

我们将Alien类中的getInfo方法进行修改：

```
class Alien {
  public void getInfo(Tiger t) {
    t.name = "小花的名字被外星人修改了";
    println(t.name);
  }
}
```

此时，我们通过Alien类中的getInfo方法对littleFlower对象的name属性进行了修改。

public权限修饰符修饰的属性和方法也可以被其继承类（子类）[1]无障碍地进行访问。继承类是新的类，从父类继承而来，可以暂时理解为父母与子女的关系。为了方便理解，我们新建立一个Father类，并再创建一个Son类，使其从Father类继承。

```
class Father {
  public int cell_phoneNumber = 1234567;
  public void showFatherInfo() {
    println("父亲的所有信息对我都是公开的");
  }
}
```

Father类创建完成之后，现在创建Son类，并从Father类继承，Son类中并不设计任何属性和方法。

```
class Son extends Father{

}
```

这里只创建Son类的对象，而不创建Father类的对象，通过Son类对象直接调用Father类的属性与方法，从结果来看，成功地对Father类的属性与方法进行了访问（图10.4.3）。

图10.4.3　Son类访问Father类对象属性与方法的示例

部分代码如下：

```
Son s;

void setup() {
  s = new Son();
  println(s.cell_phoneNumber);
```

---

1. 类的继承将在后文中进行详细的讲解。这里先尝试理解概念和权限访问的关系。

```
  s.showFatherInfo();
}
```

private权限修饰符意为个人的、私有的。被private关键字修饰的变量或者方法，只有在它的本类中可以被访问和数据修改及本类的对象进行外部的访问和数据修改，而在它的子类中、同包类中以及其他类中都不能够对其进行访问和数据修改。以东北虎小花为例，我们将Tiger类中的name属性用private关键字进行修饰，并通过Tiger类的对象littleFlower以及本类去修改它的名字，即name属性的值（图10.4.4）。

```
private String name;
littleFlower.name = "小花的名字通过本类的对象进行访问并修改";
```

图10.4.4　Tiger类对象修改name属性的示例

部分代码如下：

```
Tiger littleFlower;

void setup() {
  littleFlower = new Tiger();
  littleFlower.name = "小花的名字通过本类的对象进行访问并修改";
  println(littleFlower.name);
}
```

同样，由private关键字修饰的属性与方法也可以在Tiger类的内部进行访问与数据修改，在Tiger类中增加一个名为newName的新方法用来修改name属性的值，并调用观察结果（图10.4.5）。

图10.4.5　Tiger类中方法修改name属性的示例

代码如下：

```
public void newName(String name){
  this.name = name;
  println(this.name);
}
```

现在我们将通过Alien类对Tiger类的对象litterFlower的name属性进行修改，将Alien类和Tiger类的内容做一些小的变动（图10.4.6）。

外星人正在给小花改名

图10.4.6   Alien类的对象修改Tiger类对象name属性的示例

代码如下：

```
Alien jack;

void setup() {
  jack = new Alien();
  jack.setNewName();
}

void draw(){
}

class Tiger {
  private String name = "小花";
}

class Alien {
  Tiger littleFlower = new Tiger();
  public void setNewName() {
    littleFlower.name = "外星人正在给小花改名";
    println(t.name);
  }
}
```

从运行结果可以看出，Alien类对象Jack调用了setNewName()成员方法成功修改了Tiger类对象littleFlower的name属性值。可是这里有一个逻辑上的问题，并不是对象Jack对对象littleFlower的name属性值进行了修改，而是littleFlower对自己的name属性值进行了修改，只是对象litterFlower的声明和定义放在了Alien类中，所以只有littleFlower才有自己的name属性，Alien类的对象是无法获得并修改littleFlower的name属性的。

再来看private权限修饰符在继承中的状况，将Father类中的public权限修饰符全部修改为private权限修饰符。

```
class Father {
  private int cell_phoneNumber = 1234567;
  private void showFatherInfo() {
    println("父亲的所有信息对我都是公开的");
  }
}
```

以上修改完成后，通过子类对象s来访问从父类继承过来的属性和方法（图10.4.7）。

```
The method showFatherInfo() from the type sketch_200609a.Father is not visible
```

图10.4.7 子类访问父类对象私有属性与方法的示例

代码如下：

```
Son s;

void setup() {
  s = new Son();
  println(s.cell_phoneNumber);
  s.showFatherInfo();
}
```

单击"运行"按钮发现程序报错，提示从父类继承过来的方法不可见。因为这是private关键词限制了子类的访问权限。

protected权限修饰符意为受保护的。被protected关键字修饰的变量或者方法，在它的本类中、子类中、同包类中都可以无障碍地对其进行访问和数据修改，在其他类中不能够对其进行访问和数据修改。 protected关键字在Processing中是存在的，但在官方的参考手册中并没有说明，这是因为在Processing里进行类成员属性和方法的设计时，如果遗忘或者不写权限修饰符，编译器就认为该成员属性和方法是由protected权限修饰符修饰的，从某种程度上来说，Processing比Java的权限修饰符要简单[1]。

10.5 构造函数

构造函数也是函数，它具有与函数相同的特点。只不过是用来初始化成员属性值的地方。 还记得之前Tiger类的对象litterFlower进行属性的赋值操作吗？这一过程全部是在类体外面完成的，且这些属性的值不是在对象被创建出来的那一刻就有的。这为代码的设计、管理和维护员埋下非常大的隐患，可能由于设计者的操作不当而引起数据的错误。构造函数能够解决上述的两大问题，无参数的构造函数语法形式如下：

```
类名(){

//需要初始化的成员属性

}
```

---

1. 在Java中权限修饰符除了public、private、protected之外还有默认类型，权限修饰符是用来对类的功能进行权限的限制与封装。

带参数的构造函数语法形式如下：

类名(参数1，参数2，…){

//需要初始化的成员属性

}

现在我们在Tiger类中修改代码，为其增加构造函数，**构造函数名字不可以自定义，其名称与类名一致，且不可以有返回值类型**，这是与普通成员方法和自定义函数的重要区别。

```
Tiger() {
  name = "小花";
  address = "北京动物园";
  neckletColor = "白色的项圈";
  furColor = "黄黑色";
  gender = "雌性";
  isStrong = true;
  detailOfEyes = "犀利的眼神";
  detailOfteeth = "锋利的牙齿";
}
```

增了Tiger类的构造函数后，并将自定义的成员属性的值全部初始化，在程序的入口调用并查看这些属性（图10.5.1）。

图10.5.1　Tiger类构造函数初始化成员属性的示例

代码如下：

```
Tiger littleFlower;

void setup() {
  littleFlower = new Tiger();
  println(littleFlower.name);
  println(littleFlower.address);
  println(littleFlower.neckletColor);
  println(littleFlower.furColor);
```

```
  println(littleFlower.gender);
  println(littleFlower.isStrong);
  println(littleFlower.detailOfEyes);
  println(littleFlower.detailOfteeth);
}

void draw() {
}
```

这样我们只从类的外部进行数据的访问，保证了数据不会暴露在类的外部从而被轻易地改写。

可能你开始对之前小节中的代码产生疑问，为什么之前并没有写构造函数，程序还是正常运行了呢？这是因为当编译器检测到没有为自定义类设计构造函数时，**它会自动添加上一个空的构造函数，这个构造函数并没有做任何事。**

```
Tiger() {
}
```

为了让自定义类实例化的每一个对象在被创建的阶段都能够拥有不同的属性，构造函数允许传入参数。

```
class Tiger {
  public String name;
  public String address;
  public String neckletColor;
  public String furColor;
  public String gender;
  public boolean isStrong;
  public String detailOfEyes;
  public String detailOfteeth;

  Tiger(String name,String address,String neck,String furColor,String
  gender,boolean isStrong,String eyes,String teeth) {
    this.name = name;
    this.address = address;
    this.neckletColor = neck;
    this.furColor = furColor;
    this.gender = gender;
    this.isStrong = isStrong;
    this.detailOfEyes = eyes;
    this.detailOfteeth = teeth;
  }
}
```

Tiger类中的所有成员属性的值是通过构造函数传入的参数决定的，所以只有在对象被创建的时候，这些属性才有实际意义的值，此时在构造函数中的各个成员属性的值是指向了其参数位中的形式参数，这个时候并没有具体的、实际的值被赋予到各个成员属性上（图10.5.2）。

```
void setup() {
    littleFlower = new Tiger();

}
```

图10.5.2　Tiger类带参构造函数的示例

图10.5.2中可以看到Processing在new Tiger()的下面画上了红线。这是因为我们将Tiger类的构造函数修改为带参数的形式，所以在littleFlower对象的定义部分，编译器要求为对象littleFlower传入数据作为它包含的各个成员属性的初始值。从图.10.5.2中我们能够知道，在对象littleFlower定义的时候，new Tiger()中的Tiger()部分就是Tiger类中的构造函数。

现在我们为对象littleFlower的各个属性传入初始值：

```
Tiger littleFlower;
littleFlower = new Tiger("小花","北京动物园","白色","黄黑色","雌性",true,
"犀利的眼神","锋利的牙齿");
```

初始值完赋值后，在Tiger类中创建showInfo()方法来统一打印输出赋值后的所有属性值。

```
public void showInfo() {
  println("东北虎的名字是 " + this.name);
  println("它住在" + this.address);
  println("它的项圈是" + this.neckletColor);
  println("它的毛色是" + this.furColor);
  println("它的性别是" + this.gender);
  if (isStrong) {
    println(this.name + "特别的强壮");
  } else {
    println(this.name + "一点也不强壮");
  }
  println("它有着" + this.detailOfEyes);
  println("它有着" + this.detailOfteeth);
}
```

这里对isStrong属性的值进行了if语句的判断，将"强壮"与"不强壮"的结果通过true和flase两个关键字来决定，运行程序并观察结果（图10.5.3）。

東北虎的名字是小花
它住在北京动物园
它的项圈是白色
它的毛色是黄黑色
它的性别是雌性
小花特别的强壮
它有着犀利的眼神
它有着锋利的牙齿

图10.5.3　对象littleFlower属性值结果

　　我们可以尝试再多创建几个Tiger类的对象，传入不同的值，并对比它们之间的结果。

10.6 this关键字

　　this关键字指向当前对象的引用，同时可以避免成员属性值的名称与构造函数传递的参数名称相同而造成的混乱。

```
this.name = name;
```

　　在Tiger类中我们大量使用了this关键字引导的赋值语句。它的语法形式如下：

```
this.成员属性名
```

```
public String name;
 Tiger(String name) {
  this.name = name;
}
```

　　当Tiger类的构造函数传入一个形式参数名为name，而恰巧Tiger类中拥有一个名为name的成员属性，这时使用this.name = name的形式就可以区分成员属性与形式参数。那this到底指代的是谁呢？举个简单的例子，当你买了一本练习册的时候，你会在练习册上写上你的名字，来告诉别人这本练习册是你的，此时这本练习册就是你的属性，而this指向的就是你。

　　在Tiger类的示例中，littleFlower拥有name属性，当我们去访问该属性的时候为：

```
println(littleFlower.name);
```

　　所以在为类中的成员属性赋值时，并不知道Tiger类要生成的对象会被起成什么名字，所以在Tiger类构造函数的赋值阶段，this关键字就对未来的对象（本例中是littleFlower）进行了替代。

　　需要注意的是，this关键字只能写在构造函数中，且this关键字引导的语句必须写在

第一行（图10.6.1）。

```
Tiger(String name, String address, String r
  detailOfteeth = teeth;
  this("□□");
  this.address = address;
  this.neckletColor = neck;
  this.furColor = furColor;
  this.gender = gender;
  this.isStrong = isStrong;
  this.detailOfEyes = eyes;
}
```

图10.6.1　this关键字错误用法示例

this关键字除了当前对象的引用，还可以指向类中的构造函数。它的语法形式如下：

this();
this(参数1，参数2，…);

我们为Tiger类再增加一个新的构造函数，仅用来给name属性赋值。

```
Tiger(String name) {
  this.name = name;
}
```

新的构造函数创建完成后，将其在之前的构造函数中进行调用，而这里使用this()的形式进行调用。

```
Tiger(String name,String address,String neck,String furColor,String
gender,boolean isStrong,String eyes,String teeth) {
  this("小呆");
  this.address = address;
  this.neckletColor = neck;
  this.furColor = furColor;
  this.gender = gender;
  this.isStrong = isStrong;
  this.detailOfEyes = eyes;
  this.detailOfteeth = teeth;
}
```

运行程序，观察结果（图10.6.2）。

图10.6.2　this指向构造函数的示例

从运行结果来看可以获悉小花的名字已经被修改成小呆，这是因为this("小呆");语句起的作用。对象littleFlower在被创建的时候，调用了Tiger类中多个带参构造函数，而该构造函数的第一条语句this("小呆");指向了Tiger类中带有一个参数的构造函数，在该函数中仅改变了name属性的值，当name属性的值赋值完成后，继续在多个带参构造函数中执行后续代码。

10.7 构造函数与成员方法的重载

对于构造函数的参数来说，不同的情况需要的参数个数不同，从而实现的效果不同，有没有办法使得在类中多写几个构造函数，让它们来应对用户的不同需求呢？构造函数的重载能够解决这一问题。与之前学习自定义函数的重载基本相同，通过参数的个数、参数的顺序以及参数的类型作为构造函数重载的区分，与之不同的是即便是重载的构造函数，也不能有返回值类型，不能有return关键字。我们保留之前Tiger类的构造函数，并为Tiger类添加另一个新的构造函数。

```
Tiger(String name, String address, String neck) {
  this.name = name;
  this.address = address;
  this.neckletColor = neck;
  this.furColor = "黄黑色的毛";
  this.gender = "雄性";
  this.isStrong = true;
  this.detailOfEyes = "炯炯有神的眼睛";
  this.detailOfteeth = "锋利异常的牙齿";
}
```

实例化两个不同的Tiger类对象，并填入不同个数的参数，即调用不同的构造函数。

```
littleFlower = new Tiger("小花","北京动物园","白色","黄黑色","雌性",true,
"犀利的眼神","锋利的牙齿");
king = new Tiger("王者","武汉动物园","红色项圈");
```

调用各自的showInfo()方法来查看各个属性的值（图10.7.1）。

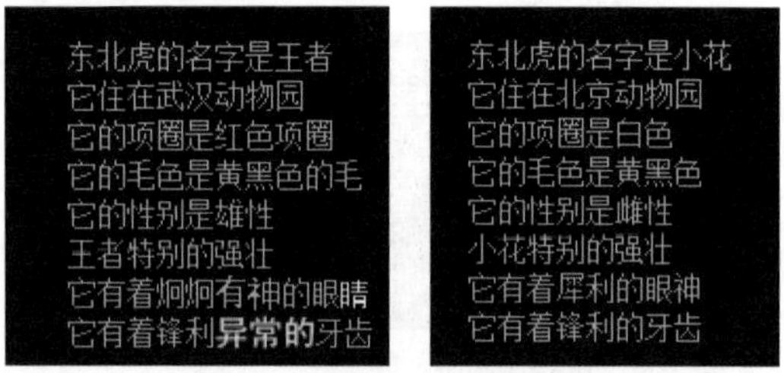

图10.7.1 构造函数重载的示例

```
king.showInfo();
littleFlower.showInfo();
```

从输出结果可以看出在对象littleFlower和对象king在定义的阶段，通过向构造函数传递了不同个数的参数，编译器根据参数的个数检测类中有无响应的构造函数，如果该构造函数存在，则调用；如果该构造函数不存在，则报错。

既然自定义函数、构造函数都可以被重载，那么类中的成员方法自然也可以被重载，其方式、规定与自定义函数一致。

10.8 包含与数据传递

包含与数据传递是缺一不可的。当对象与对象之间进行数据访问、数据写入和数据交换的时候，实现的方式有包含、传参和继承。这一节主要讲解包含，包含这一概念与C++中的包含一样，也类似于友元类[1]（但不是，有本质上的区别）。简单来说，在一个类中存在另一个类的对象。

我们先定义一个Rabbit类，作为Tiger类的食物。

```
class Rabbit {
  public void info() {
    println("兔子奔跑的速度很快，但是味道非常鲜美。");
  }
}
```

删除之前Tiger类的所有代码，并修改为：

```
class Tiger {
  Rabbit littleWhite = new Rabbit();
  public void eatRabbit() {
    littleWhite.info();
  }
}
```

在Tiger类中包含了一个Rabbit类的对象littleWhite，可以理解为"这只老虎已经拥有了一只兔子"，Tiger类中定义了一个名为eatRabbit()的成员方法，该方法是用来调用Rabbit类的成员方法info()的。

声明与定义Tiger类的对象littleFlower，并调用eatRabbit()方法，观察程序运行结果（图10.8.1）。

---

1. C++中会在包含的对象之前加上friend关键字，也属于权限范畴。

兔子奔跑的速度很快，但是味道非常鲜美。

图10.8.1　包含的示例

也可以通过传参的方式将Rabbit类的对象传递给Tiger类的成员方法实现这一功能。

我们现在来结合之前学习的知识，完成在第8章8.1节的结尾处遗留的问题：请实现图10.8.2中的功能（图10.8.2），单击画布中的小方块，即可出现图片相应位置的像素信息，同时被单击的小方块沿y轴进行旋转。

图10.8.2　思考题的解答

从题目的图片最终效果来看，会用到类与对象，每个小方块都被看作一个对象，它们应该有着自己的属性，比如位置、大小、颜色、旋转角度等，同时也应该具备一些方法，比如颜色填充、图形绘制与显示，单击处理，等等。我们依据分析的结果先定义一个Rectangle类，并设置上述属性。

```
float x_position;        //方块对象的 x 坐标
float y_position;        //方块对象的 y 坐标
color clr;               //方块对象的颜色
color last_color;
float widths;            //方块对象的大小
float angle;             //方块对象的旋转角度
```

Last_color是用来保存鼠标单击的上一个方块的像素颜色。构造函数采取参数传递的形式为以上属性进行赋值。现在设计鼠标单击方块时旋转的方法，要注意的是需要对鼠标位置与方块的位置做判断，只有当鼠标在小方块的范围内单击，才会出现像素颜色填充和旋转的效果。

```
public void forCalculate() {
  float dist = dist(mouseX, mouseY, x_position, y_position);
  if (dist <= this.widths / 2 && mousePressed) {
    for (int i = 0; i < 360; i++) {
      angle += sin(i) * 0.95;
    }
  } else {
    angle = 0;
  }
}
```

将小方块显示在画布之中。

```
public void showRect() {
  float dist = dist(mouseX, mouseY, this.x_position, this.y_
    position);
  if (dist <= this.widths / 2 && mousePressed) {
    fill(clr);
    if (clr != last_color) {
      last_color = clr;
    }
  } else {
    fill(last_color);
  }
  pushMatrix();
  rectMode(CENTER);
  translate(x_position, y_position);
  rotateY(angle);
  strokeWeight(2);
  stroke(angle,angle*angle,angle * 2);
  rect(0, 0, widths , widths);
  popMatrix();
}
```

因为涉及每个小方块的独立旋转问题，所以这里必须使用矩阵变换的相关函数。

将以上所有方法集中放置在一个方法中，统一进行调用，减少代码量的同时方便后期代码的管理和维护。

Rectangle类的核心代码和主要功能设计已经全部完成，现在进入程序入口的代码设计，因为涉及鼠标与画布中小方块的实时互动，所以这里需要使用Processing的非静态模式。

首先我们要准备好图片并获得图片的像素大小（本例中像素大小为54×36），再计算将小方块铺满整个画布需要的个数。由于是在画布上进行小方块的铺设，所以这里我们使用对象二维数组的形式。

对象二维数组与之前学习的数组声明和创建的语法方式一致，只是类型改为了自定义类，该类型的数组只允许放置自定义类的对象。

```
Rectangle [][] r_array;              //Rectangle类数组，数组名为r_array
int [] x_pos;                        //用于限制小方块在x轴向的个数
int [] y_pos;                        //用于限制小方块在y轴向的个数
int array_leng_x, array_leng_y;      //获得小方块在两轴向的总个数
int radius;                          //用于传递给小方块大小的参数
int x_step;                          //用于传递小方块在x轴向的坐标
int y_step;                          //用于传递小方块在y轴向的坐标
PImage img;                          //图片对象
int img_leng_x, img_leng_y;          //用于存储图片像素信息
```

对以上属性进行赋值。

```
radius = 20;
array_leng_x = 1080 / radius;
array_leng_y = 720 / radius;
x_step = radius/2;
y_step = radius/2;
r_array  = new Rectangle[array_leng_x][array_leng_y];
x_pos = new int[array_leng_x];
y_pos = new int[array_leng_y];
img = loadImage("mnls.jpg");
img_leng_x = img.width;
img_leng_y = img.height;
```

现在将画布上的所有位置信息初始化，并将小方块依次填入画布之中，将这些功能放入名为initialize的自定义函数中。

```
void initialize() {
//设定好小方块在x轴上的所有坐标点
  for (int ix = 0; ix < x_pos.length; ix++) {
    x_pos[ix] = x_step;
    x_step += radius;
    //println("x_pos [" + ix + "] :" + x_pos[ix]);
  }

  println("X轴向数据已经生成完毕! ");
//设定好小方块在y轴上的所有坐标点
  for (int iy = 0; iy < y_pos.length; iy++) {
    y_pos[iy] = y_step;
```

```
      y_step += radius;
      //println("y_pos [" + iy + "] :" + y_pos[iy]);
    }

    println("Y轴向数据已经生成完毕！");
    println("开始将参数注入方形对象数组矩阵....");

  //利用已经生成好的所有坐标点，初始化Rectangle类的对象，并放入二维数组之中
    for (int x = 0; x < x_pos.length; x++) {
      for (int y= 0; y < y_pos.length; y++) {
        r_array[x][y] = new Rectangle(x_pos[x], y_pos[y], color(255),
        radius);
      }
    }
    println("数据注入成功！");
  }
```

　　自定义一个名为process_pixels的函数，其功能是用于读取和处理图片的像素颜色并填入方块，因为涉及图片的像素颜色处理，所以需要使用loadPixels()函数与updatePixels()函数对像素进行更新。

```
void process_pixels() {
  try {
    img.loadPixels();
     color c_ = img.pixels[mouseX/radius + mouseY/radius * img.
     width];
    for (int x = 0; x < x_pos.length; x++) {
      for (int y= 0; y < y_pos.length; y++) {
        r_array[x][y].clr = c_;
      }
    }
    img.updatePixels();
  }
  catch(ArrayIndexOutOfBoundsException e) {
    println(e);
    println("请把鼠标移至对话框内！");
  }
}
```

　　主程序的主要处理代码全部设计完毕，运行代码并观察结果，更改一些参数，观察不同的效果，也可以为Rectangle类添加更多的功能。
　　上例中完整的Rectangle类代码如下：

```
class Rectangle {

  float x_position;
  float y_position;
  color clr;
  color last_color;
  float widths;
  float angle;

  Rectangle(float x, float y, color _c, float r) {
    this.x_position = x;
    this.y_position = y;
    this.clr = _c;
    this.widths = r;
    this.last_color = color(255);
    angle = 0;
  }

  public void forCalculate() {
    float dist = dist(mouseX, mouseY, x_position, y_position);
    if (dist <= this.widths / 2 && mousePressed) {
      for (int i = 0; i<360; i++) {
        angle += sin(i) * 0.95;
      }
    } else {
      angle = 0;
    }
  }

  public void showRect() {
    float dist = dist(mouseX, mouseY, this.x_position, this.y_
    position);
    if (dist <= this.widths / 2 && mousePressed) {
      fill(clr);
      if (clr != last_color) {
        last_color = clr;
      }
    } else {
      fill(last_color);
    }
    pushMatrix();
    rectMode(CENTER);
    translate(x_position, y_position);
```

```
    rotateY(angle);
    strokeWeight(2);
    stroke(angle,angle*angle,angle * 2);
    rect(0, 0, widths, widths);
    popMatrix();
  }

  public void all_set() {
    showRect();
    forCalculate();
  }
}
```

上例中完整的入口程序代码如下：

```
Rectangle [][] r_array;
int [] x_pos;
int [] y_pos;
int array_leng_x, array_leng_y;
int radius;
int x_step;
int y_step;
PImage img;
int img_leng_x, img_leng_y;


void setup() {
  size(1080, 720, P3D);
  radius = 20;
  array_leng_x = 1080 / radius;
  array_leng_y = 720 / radius;
  x_step = radius/2;
  y_step = radius/2;
  r_array  = new Rectangle[array_leng_x][array_leng_y];
  x_pos = new int[array_leng_x];
  y_pos = new int[array_leng_y];

  initialize();
  img = loadImage("mnls.jpg");
  img_leng_x = img.width;
  img_leng_y = img.height;
  println("图片或视频像素比为：" + img.width + ":" + img.height);
}
```

```
void draw() {
  process_pixels();
  for (int x = 0; x < x_pos.length; x++) {
    for (int y= 0; y < y_pos.length; y++) {
      r_array[x][y].all_set();
    }
  }
}

void process_pixels() {
  try {
    img.loadPixels();
    color c_ = img.pixels[mouseX/radius + mouseY/radius * img.
    width];
    for (int x = 0; x < x_pos.length; x++) {
      for (int y= 0; y < y_pos.length; y++) {
        r_array[x][y].clr = c_;
      }
    }
    img.updatePixels();
  }
  catch(ArrayIndexOutOfBoundsException e) {
    println(e);
    println("请把鼠标移至对话框内！");
  }
}

void initialize() {
  for (int ix = 0; ix < x_pos.length; ix++) {
    x_pos[ix] = x_step;
    x_step += radius;
    //println("x_pos [" + ix + "] :" + x_pos[ix]);
  }

  println("X轴向数据已经生成完毕！");
  for (int iy = 0; iy < y_pos.length; iy++) {
    y_pos[iy] = y_step;
    y_step += radius;
    //println("y_pos [" + iy + "] :" + y_pos[iy]);
  }

  println("Y轴向数据已经生成完毕！");
  println("开始将参数注入方形对象数组矩阵...");
```

```
for (int x = 0; x < x_pos.length; x++) {
  for (int y= 0; y < y_pos.length; y++) {
    r_array[x][y] = new Rectangle(x_pos[x], y_pos[y], color(255),
    radius);
  }
}
println("数据注入成功！");
}
```

第11章

抽象类与接口

抽象类是一种特殊的类。从名字就可以看出，抽象类是以"抽象""模糊"为主要特征的。接口犹如空间站对接时候的对接装置，这种形式是以"附加""扩展"为主要功能的。本章我们将学习如何定义抽象类、接口，以及围绕本内容的相关问题进行讲解。

11.1 抽象类

抽象类是非常特殊的一种类，它是通过abstract关键字来修饰的。抽象类是不可以由具体的方法去实现的，其方法的实现是通过子类继承进行方法的重写，同时抽象类不可以通过new关键字进行创建（定义）。

用abstract关键字来修饰的类，叫作抽象类；用abstract关键字来修饰的方法，叫作抽象方法，其语法形式如下：

```
abstract class 抽象类名{
    //属性
    //构造函数
    //抽象方法等
}
```

```
abstract class Father {

    public String id_info;

    Father(String id) {
        id_info = id;
    }

    abstract void showInfo();

    private void secrete() {
        println("父类也有小秘密！");
    }
}
```

我们看到在class关键字之前加上了abstract关键字，声明这个父类为抽象类，在抽象类Father中增加了一个构造函数，一个id_info的属性，一个showInfo的抽象方法，和一个secrete的"具体"[1]方法。这里需要注意的是，只有在抽象类中才可以同时定义抽象方法和"具体"方法，在普通的自定义类中只能定义"具体"方法，而不能定义抽象方法。

抽象方法需要使用abstract关键字进行修饰，且该方法不可以有具体功能的实现。好像除了细微的差别，与自定义类差别不大，我们现在来创建抽象类Father的对象。在主程序页签内输入以下代码：

---

1. 这里使用"具体"一词进行描述不太准确，这里加上引号只是方便运用之前的知识理解，以便和抽象方法进行区分而已。

```
Father Jack;

void setup(){
  Jack = new Father("5412784");
}


void draw(){
}
```

单击"运行"按钮，观察结果（图11.1.1）。

图11.1.1　实例化一个抽象类的示例

程序并没有成功运行，而是提示了一个错误，意为"Father类属于不可以被实例化的类型"。**要重点关注抽象类的这一特点，抽象类不可以被实例化**。也许你会有疑问，既然抽象类不可以被实例化，那么如何去访问类中的那些属性和方法呢？那么就需要继承。本章我们不会深入地讲解继承，在之前讲解过一点点继承的案例，如果对之前的示例有印象，那么这里就能理解了。

现在定义一个子类，用来继承抽象类Father，当我们输入以下代码的时候，Processing给我们提示了一个错误（图11.1.2），意为"从Father类继承而来的抽象方法必须实现"，颇有"父债子偿"的意味。

```
class Son extends Father{

}
```

图11.1.2　子类Son继承抽象类Father的示例

由于父类里面并没有将showInfo的方法实现，子类将父类的所有属性和方法继承过来了之后，抽象方法showInfo成了"外债"，在子类中必须将父类的遗留问题给解决了。

```
class Son extends Father {

  Son(String id) {
    super(id);
  }
```

```
public void showInfo() {
    println("抽象类Father中的方法被继承的Son类给实现了！");
}

}
```

　　这里我们并不需要了解super等这些多余的代码是什么[1]，因为并不影响我们理解抽象类中的抽象方法在子类中如何去实现。由上面的代码我们知道了showInfo()方法在自定义类Son中被具体地实现了。现在实例化Son类的对象，观察是否能够正确调用该方法（图11.1.3）。

```
Son s = new Son("56789");
s.showInfo();
```

抽象类Father中的方法被继承的Son类给实现了！

图11.1.3　Son类实例化后调用showInfo方法的示例

　　从结果可以看出，从抽象类Father中继承过来的抽象方法showInfo()，已经被继承类Son给完美解决了。

　　抽象类的实际作用是什么呢？如果需要通过继承来解决这些问题，为什么不直接在自定义类中将这些方法全部实现呢？抽象类主要用来进行类型隐藏。构造出一个固定的一组行为的抽象描述，但是这组行为却能够有任意个可能的具体实现方式[2]。用更加明了的语言来表述，就是"让所有的子类都拥有父类的方法，同时子类所继承的这些方法都能够根据自身情况去实现具体功能"。

　　我们来实现以下示例（图11.1.4）：

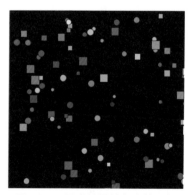

图11.1.4　子类继承抽象类的示例

1. 这里"多余"的代码只是为了结构完整，不出错，使得程序正常运行。
2. 定义来源：https://baike.baidu.com/item/%E6%8A%BD%E8%B1%A1%E7%B1%BB/4748292#5。

自定义两个类：一个类用于绘制圆形，并使其运动；一个类用于绘制正方形，其所有功能与绘制圆形的类一模一样。

示例中的功能非常简单，即运动与绘制，两个子类都需要实现运动与绘制的方法，所以先定义一个抽象类并通过继承关系来实现抽象类中的方法，这样的逻辑比较清晰，也能够更加深入地理解抽象类与抽象方法。

先定义一个抽象类Graphic，并含有两个抽象方法show()和move()。

```
abstract class Graphic {

  abstract void show();
  abstract void move();
}
```

再定义一个MyEllipse类继承于抽象类Graphic，并将继承而来的两个抽象方法实现：

```
class MyEllipse extends Graphic {

  public float xposition;
  public float yposition;
  public float xstep;
  public float ystep;
  public float radius;
  public color c;

  MyEllipse(float xpos, float ypos, float rad, color c) {
    this.xposition = xpos;
    this.yposition = ypos;
    this.radius = rad;
    this.xstep = random(0.1,1);
    this.ystep = random(0.1,1);
    this.c = c;
  }

  public void show() {
    fill(c);
    ellipse(xposition, yposition, radius, radius);
  }

  public void move() {
    xposition += xstep;
    yposition += ystep;
  }
}
```

再定义一个MyRectangle类继承于抽象类Graphic，并将继承而来的两个抽象方法实现，代码与MyEllipse类几乎一样，只是绘制的图形形状更改为方形。

在主程序入口中建立对象数组，并将其初始化，对象实例化，各自调用show()方法与move()方法。

部分代码如下：

```
int number = 50;
MyEllipse [] e_array;
MyRectangle [] r_array;

void setup() {
  size(500, 500);
  smooth();
  e_array = new MyEllipse[number];
  r_array = new MyRectangle[number];
//省略对象数组的赋值阶段
}

void draw() {
  background(0);
    //调用各自实现的show()方法与move()方法
    for (int i = 0; i < number; i++) {
    e_array[i].show();
    e_array[i].move();

    r_array[i].show();
    r_array[i].move();
  }
}
```

11.2 接口

接口是另一种为自定义类扩展功能的方法。这种扩展功能通常不属于原来的自定义类中。类似于你在玩游戏，捡到某种道具，让你在一段时间内具备了本不属于你自身的技能。

定义一个接口是通过interface关键字完成的。接口有以下特点：

（1）用 interface 来定义。

（2）接口中的所有成员变量都默认是公共的静态常量。

（3）接口中的所有方法默认为公共的抽象方法。

（4）接口是没有构造方法的。

（5）无关的类可以实现接口。

（6）接口可以由多个类实现。

定义接口的语法形式如下：

```
interface 接口名称{

//属性与方法

}
```

通过一个示例来理解接口——为擎天柱增加飞行的功能。首先定义一个自定义类命名为Optimus_Prime，并为它添加自动行驶、变形和攻击的方法。

```
class Optimus_Prime {

  public void drive() {
    println("擎天柱可以自动行驶");
  }

  public void transform() {
    println("擎天柱可以变形");
  }

  public void attack() {
    println("擎天柱可以攻击");
  }

}
```

此时的擎天柱拥有了它自己的方法，擎天柱是汽车人，不可能飞行，因此飞行并不是它与生俱来的方法，所以它只能通过一些渠道去获得飞行的能力。我们定义一个接口用来定义不属于擎天柱的飞行方法，该方法为抽象方法。

```
interface Fly_Equipment {

  public abstract void wings();

}
```

接口名为Fly_Equipment，它拥有一个抽象方法wings()，该方法主要实现擎天柱的飞行能力，现在让自定义类Optimus_Prime实现接口Fly_Equipment并实现飞行功能。

自定义类实现接口的关键字为implements。

```
class Optimus_Prime implements Fly_Equipment{

}
```

此时编译器提示需要将接口中的抽象方法wings()实现，在自定义类Optimus_Prime中实现该方法。

```
public void wings() {
    println("擎天柱获得飞行器,可以实现飞行功能");
}
```

实例化Optimus_Prime类的对象，并调用从接口中获得的wings()方法（图11.2.1）。

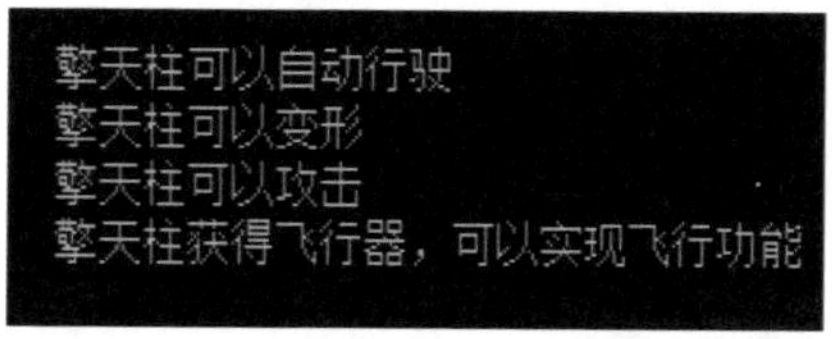

图11.2.1　Optimus_Prime类实现Fly_Equipment接口的示例

```
Optimus_Prime op;

void setup() {
  op = new Optimus_Prime();
  op.drive();
  op.transform();
  op.attack();
  op.wings();
}

void draw() {
}
```

我们已经成功地为擎天柱添加了飞行功能，现在我们在此基础上再为擎天柱增添潜水的功能，新定义一个接口，命名为Dive_Equipment，并为其增加名为dive的抽象方法。

```
interface Dive_Equipment {
    public abstract void dive();
}
```

我们已经成功地为擎天柱添加了飞行功能，现在在此基础上再为它增添潜水的功能，新定义一个接口，命名为Dive_Equipment，并为其增加名为dive的抽象方法。

Optimus_Prime类在实现了飞行功能的基础上继续实现潜水功能。在Fly_Equipment接口名称后面用逗号分隔，再加上Dive_Equipment接口名称即可完成多个接口的调用。

```
class Optimus_Prime implements Fly_Equipment,Dive_Equipment {

}
```

在Optimus_Prime类中继续实现潜水功能（图11.2.2）。

擎天柱可以自动行驶
擎天柱可以变形
擎天柱可以攻击
擎天柱获得飞行器，可以实现飞行功能
擎天柱获得潜水设备，可以实现潜水功能

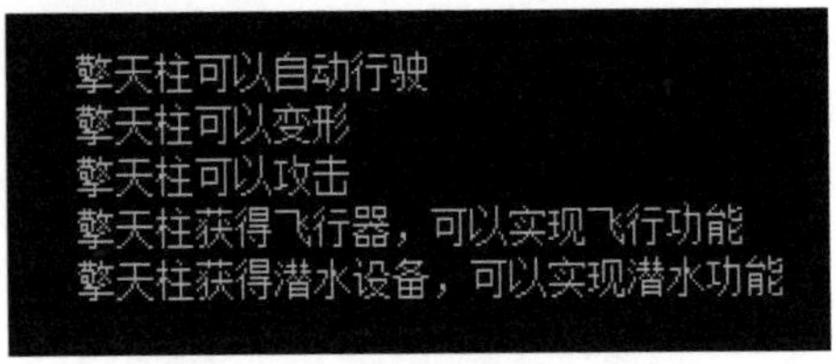

图11.2.2　Optimus_Prime类多个接口的示例

```
public void dive() {
    println("擎天柱获得潜水设备，可以实现潜水功能 ");
}
```

此时的擎天柱已经通过实现接口的方法，获得了本不属于自身的飞行能力和潜水能力。

通过以上的示例希望大家对接口有了比较深入地了解。

第12章 类的继承与多态

　　之前对类的继承关系有了一个初步的认识，本章将系统地讲解类的继承关系和多态。利用继承，我们可以在已经创建的自定义类的基础上再构造一个新的类，通过方法的重写将这些方法变成新类自己的方法，也可以添加新的方法来实现自己的功能。通过多态机制能够在不改变原有代码结构的基础上通过父类来调用其各个子类的方法，这是面向对象编程的核心机制。

12.1 基类与子类

基类也被称为超类或父类，是已经存在要被继承的类，子类被称为派生类或孩子类，是即将要继承父类的类。类的继承关系是通过extends关键字来实现的。

```
class 子类 extends 父类{

}
```

通过这种方式，子类就有了从父类继承的关系[1]。Processing并没有像C++一样，存在公有继承和私有继承，只通过权限修饰符（表12.1.1）来决定继承属性和方法是否可以被访问。

表12.1.1　权限修饰符在各类中的状态

权限修饰符	本类中	子类中	同包类中*	其他类中
public	允许	允许	允许	允许
protected	允许	允许	允许	不允许
private	允许	不允许	不允许	不允许

在表12.1.1中我们只需关注"子类中"一栏，按照继承的机制来说，当子类继承了父类，子类就有了父类的全部属性与方法。可以通过子类的对象访问父类里的所有方法，如果父类的属性或方法中存在权限修饰符，那么子类要访问从父类中继承而来的属性和方法时，会受到一些限制。

我们先定义一个父类，并设定一些属性和方法，用不同的权限修饰符进行限定。代码如下：

```
class Father {
  private int age;

  Father(int age) {
    this.age = age;
  }

  Father() {
    this.age = 45;
  }

  protected void setAge(int age) {
    this.age = age;
```

---

1. Java只支持单继承，即从一个基类继承而来，而不是多个。

```
    println("父亲的年龄设定完毕！ ");
  }

  public int getAge() {
    return this.age;
  }
}
```

　　自定义父类中age属性使用private关键字修饰，setFatherAge()方法使用protected关键字修饰，getFatherAge()方法使用public关键字修饰，同时实现了构造函数的重载。

　　在父类设计完成后，再定义一个子类，继承自父类。

```
class Son extends Father {

}
```

　　实例化子类的对象，并尝试去访问父类中的age属性（图12.1.1）。

```
Son Jack;
void setup() {
  Jack = new Son();
  println(Jack.age);
}

void draw() {
}
```

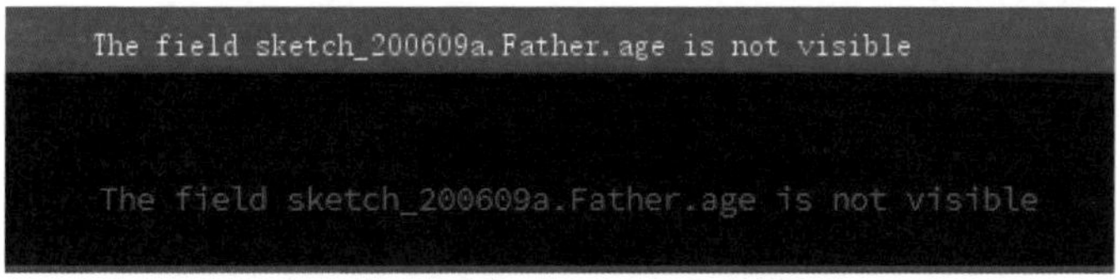

The field sketch_200609a.Father.age is not visible

The field sketch_200609a.Father.age is not visible

图12.1.1　子类对象访问父类的private属性

　　与之前讲解权限修饰符时的结果一样，父类通过private权限修饰符将age属性进行了保护，即便是子类也无法进行访问，只有通过父类提供的protected关键字和public关键字限定的方法才可以进行修改与访问（图12.1.2）。

父亲的年龄为：45

图12.1.2　子类对象通过限定的公共方法获得父类的私有属性值

```
Son Jack;

void setup() {
```

```
Jack = new Son();
Jack.setAge(45);
int age = Jack.getAge();
println("父亲的年龄为：" + age);
}

void draw() {
}
```

　　现在我们将子类也添加上与父类一样的属性以及设置年龄与访问年龄的方法，并再次通过子类对象Jack调用setAge()方法，观察结果（图12.1.3）。

```
class Son extends Father {
  public int age;

  protected void setAge(int age) {
    this.age = age;
    println("儿子的年龄设定完毕！");
    println("儿子的年龄为：" + age);
  }

  public int getAge() {
    return this.age;
  }
}

Jack.setAge(45);
```

```
儿子的年龄设定完毕！
儿子的年龄为：45
```

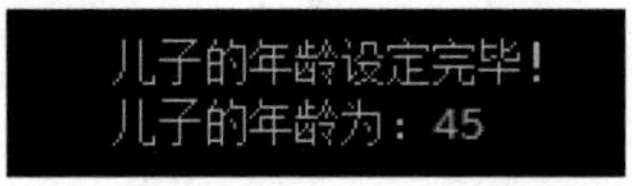

图12.1.3　子类对象访问自己的自定义方法

　　从结果来看这里并没有调用从父类继承而来的setAge()方法，而是显示了子类中自己的setAge()方法，大家不禁要问，父类的setAge()方法去哪了？该如何找到父类中的setAge()方法呢？请带着这两个疑问继续学习。

12.2 super关键字

　　要解答12.1节遗留下来的两个问题，首先得了解super关键字。super意为"超级的""上级的"。它是专门用来读取父类的属性、方法以及构造函数的。

super.xx;	父类可供访问的属性
super.xx();	父类可供访问的方法
super(参数1，参数2，…);	访问父类带参的构造函数
super();	访问父类无参的构造函数

还记得12.1节父类中的构造函数，以及第11章中的带有super关键字的"多余代码"吗？

父类的构造函数：

```
Father(int age) {
    this.age = age;
}
```

第11章中子类的构造函数：

```
Son(String id) {
    super(id);
}
```

我们将这个子类的构造函数修改成可以适合本例的形式：

```
Son(int age) {
    super(age);
}
```

现在，在父类和子类的构造函数中各添加一个打印输出语句以便区分。

```
Father(int age) {
    this.age = age;
    println("调用了父类的构造函数！");
}
```

```
Son(int age) {
    super(age);
    println("调用了子类的构造函数！");
}
```

添加完成后实例化子类对象，观察结果（图12.2.1）。

```
调用了父类的构造函数！
调用了子类的构造函数！
```

图12.2.1　在继承中的构造顺序方法

```
Son Jack;

void setup() {
  Jack = new Son(54);
}

void draw() {
}
```

　　我们只是实例化了子类的对象，却打印输出了两句话，第一句的内容是"调用了父类的构造函数"。也就是说，子类在实例化的时候，先调用了父类的构造函数，理解起来并不难，因为子类是继承自父类的，没有父类，哪里来的子类呢。所以即便没有实例化父类的对象，仅仅实例化子类，也会首先调用父类的构造函数。这里我们注意到，父类的构造函数被调用的时候，是需要传递一个参数，所以在子类的构造函数里必须先对父类的构造函数进行参数的传递。

```
super(age);
```

　　在子类的构造函数中调用super()方法对父类的构造函数进行参数的传递，将子类中定义的age属性传递给super方法，即完成了对父类构造函数的传参。

　　父类完整代码如下：

```
class Father {
  private int age;

  Father(int age) {
    this.age = age;
    println("调用了父类的构造函数！");
  }

  protected void setAge(int age) {
    this.age = age;
    println("父亲的年龄设定完毕！");
    println("父亲的年龄为：" + this.age);
  }

  public int getAge() {
    return this.age;
  }
}
```

　　子类完整代码如下：

```
class Son extends Father {
  public int age;

  Son(int age) {
    super(age);            // 向父类构造函数传递参数
    println("调用了子类的构造函数！");
  }

  protected void setAge(int age) {
    this.age = age;
    println("儿子的年龄设定完毕！");
    println("儿子的年龄为：" + age);
//设置儿子的年龄时，给父亲的年龄重新设置为78
    super.setAge(78);
}

  public int getAge() {
    int fatherAge = super.getAge();
    return fatherAge;
  }
}
```

了解super关键字后，我们来解决之前遗留的两个疑惑。

（1）为什么当子类也有用了setAge()方法和getAge()方法的时候，无法访问到父类的setAge()方法和getAge()方法？

（2）如果想访问父类的setAge()方法和getAge()方法又该怎么做呢？

先来说第一个问题，当子类也用setAge()方法和getAge()方法的时候，会将父类中同名的函数进行"覆盖"（这种覆盖称为方法的重写，注意这里是重写而并非重载），它们被隐藏起来了，不能直接访问它们，这是由Processing的机制决定的，也是为多态机制的实现做铺垫。

再来说第二个问题，如果想访问到父类的setAge方法()和getAge()方法，依旧需要通过super关键字来完成。我们在子类中的setAge()方法里通过super.setAge()完成对父类的setAge()方法的调用，在子类的getAge()方法里完成了对父类getAge()方法的调用，在不通过实例化父类的对象时，完成对父类中的age属性的修改（图12.2.2）。

图12.2.2　派生类Son的对象访问与修改父类中的属性

12.3 方法的重写

在12.2节中我们提到了"对父类中同名的函数进行'覆盖'",这一"覆盖"的过程称为成员方法的重写，它是子类对从父类继承来的方法进行了重写。在子类中被重写的父类成员方法应与父类中的原方法在参数的个数上、类型上、顺序上以及成员方法的返回值类型上都必须相同，且权限修饰符的权限范围应与父类中该成员方法的权限修饰符的权限范围相等或更大，在父类的成员方法中抛出的异常，在子类进行成员方法重写的时候必须解决该异常[1]。

```
class Father {
  protected void showInfo() {
    println("这是父类中的showInfo方法");
  }
}
```

```
class Son extends Father {
  public void showInfo() {
    println("这是子类中的showInfo方法");
  }
}
```

父类中定义了一个showInfo()的成员方法，通过子类继承，并将从父类继承而来的showInfo()成员方法进行了重写，将该成员方法的功能根据子类自己的需求而被重新设计，这里将该成员方法的println()语句保留，只把内容更改为子类的内容（图12.3.1）。

图12.3.1　对Father类中继承的方法进行重写

创建一个父类对象Mick，创建一个子类对象Jack，分别调用自己的showInfo()成员方法。

```
Father Mick = new Father();
Son Jack = new Son();
Mick.showInfo();
Jack.showInfo();
```

你会发现继承而来的showInfo()成员方法被子类重写之后变成了子类自己的方法，虽

---

1. 异常在第13章中会详细讲解，这里理解为程序在运行过程中发生的错误。

然从形式上来看，重写的成员方法似乎与自定义的成员方法没什么差别，但是从根源上来说，这个方法依旧是从父类继承而来后被重写的，并不是在子类中定义了一个与父类成员方法一模一样的成员方法。

12.4 多态机制

"继承、封装、多态"是面向对象的三大特性，经过前面几章的铺垫，这一节正式进入最后一大特性——"多态"的内容学习。**多态，也称为动态绑定。**我们可以为，在这个社会中我们在不同的场合需要扮演不同的角色，也需要拥有不同的状态，什么样的背景什么样的情形决定了你需要扮演什么角色，在什么状态，做什么事情以及说什么话。这是极为复杂且微妙的过程。作为面向对象的编程语言，当然支持这种"多态"的情形，支持对象的多种形态。

我们先来观察一个示例，以更直观的方式观察"多态"机制是如何运行的（图12.4.1）。

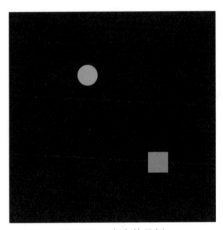

图12.4.1　多态的示例

图12.4.1中所示的不是两个简单的图形，它背后实现的逻辑与之前学习的内容有根本性的区别。

先定义一个抽象类Graphic，并设置show()与move()两个抽象方法。

```
abstract class Graphic {
    public abstract void show();
    public abstract void move();
}
```

再创建两个自定义类，Rectangle类与Ellipse类继承自Graphic类，并实现（重写）父类中的两个抽象方法。

```
class Rectangle extends Graphic {
//声明属性
  float xposition;
  float yposition;
  float widths;
  float xstep;
  float ystep;
  color colors;

//构造函数赋值
  Rectangle(float x, float y, float w, float xs, float ys, color c) {
    this.xposition = x;
    this.yposition = y;
    this.widths = w;
    this.xstep = xs;
    this.ystep = ys;
    this.colors = c;
  }

//show()方法的重写,用于绘制图形
  public void show() {
    fill(colors);
    rectMode(CENTER);
    rect(xposition, yposition, widths, widths);
  }
//move()方法的重写,用于控制图形运动
  public void move() {
    xposition += xstep;
    yposition += ystep;

  if (xposition > width - widths/2 || xposition < widths/2) {
//当图形碰壁后进行反向运动
    xstep = -xstep;
    }

  if (yposition > height - widths/2 || yposition < widths/2) {
//当图形碰壁后进行反向运动
    ystep = -ystep;
    }
  }
}
```

Ellipse类与Rectangle类代码几乎完全一致，只是类名与构造函数名需要更改成Ellipse。

当我们完成了Ellipse类与Rectangle类的代码设计之后，在主程序页签内使用非静态模式，声明两个Graphic类的对象，对象名为rect和ellipse，并在内存中创建该对象。

```
Graphic rect;
Graphic e;
rect = new Rectangle(width/2, height/2, 50, random(0.5, 1),
random(0.5, 1), color(255, 0, 0));
ellipse = new Ellipse(50,50, 50, random(0.5, 1), random(0.5, 1),
color(0, 255, 0));
```

声明与定义过程完成之后，对象rect和ellipse分别调用自己的show()方法与move()方法，运行程序并观察结果。

```
rect.show();
rect.move();
ellipse.show();
ellipse.move();
```

你一定会觉得很神奇，我们刚刚声明的并不是Ellipse类或Rectangle类的对象，而是Graphic类的对象，为什么程序会运行？这需要结合继承的机制谈谈这两个对象在内存的状态。

父类Graphic包含有show()与move()成员方法，该方法被子类Ellipse和Rectangle继承，且被重写，当Graphic类的对象引用指向了Ellipse类或Rectangle类的对象的时候，Graphic类的对象只能看到Ellipse类或Rectangle类中从Graphic类继承并重写的成员方法。Graphic类的声明对象是存在于内存的栈中，而new关键字会在内存的堆中分配空间，将Ellipse类的对象或者Rectangle类的对象实实在在地创建出来，当Graphic类的对象（的引用）指向了内存空间中的哪个对象，就会看到哪个对象的类中从Graphic类继承并重写的成员方法，由于方法被重写，功能被重新设计，所以在调用方法的时候会出现不同的运行结果，**这一过程被称为多态，也叫作动态绑定（运行时多态**[1]**）。**

实现多态需要有三个必备条件，缺一不可：

（1）必须要有继承关系。

（2）必须要重写父类方法。

（3）必须要父类的引用指向子类对象（也称为向上转型[2]）。

当然，如果你不需要类被继承，避免多态的发生，可以在类名之前加上final关键字，它会阻止你的类被继承，需要注意的是final关键字是不可以修饰抽象类的。

你可以尝试多定义几个类继承自抽象类Graphic，体会动态机制。

---

1. 还有一定种绑定，称为静待多态，是编译时多态，这里不做深入研究。

2. 将父类引用指向的子类对象前加上（子类对象名），实现向下转型，这里不做深入。

第 13 章

异常处理

　　本章将对异常处理进行讲解，虽然内容不多，但是在日常的工程中却使用得相当频繁，即便是经验丰富的程序员也不能保证编写的每一行代码不会出任何问题，因为程序运行中出现的异常，编译器会提示错误，导致程序并不能正确的执行。如果是一名体验者正在体验你的交互项目，而因为你忽略了他的某种行为会导致程序的异常，就极容易造成程序的崩溃，导致体验效果不尽如人意，所以对于程序异常的处理非常重要。

13.1 什么是异常机制

异常机制是指当程序出现错误后，程序该怎么办。不论是操作错误、设备错误、代码错误都会导致异常的产生，一旦程序出现了异常，这些异常就会交给一个专门负责处理这些问题的"系统"——Throwable类（图13.1.1）。

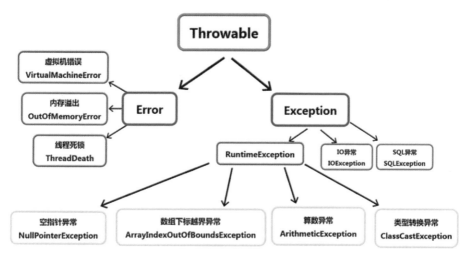

图13.1.1　Java中异常机制的结构

这里借用了Java的异常机制结构图为大家展示Processing中处理异常的机制。你看到的这些所有方块都是类，它们与上一级都是继承关系。我们可以来设计一段代码来使得程序发生异常。

```
int result = 1 / 0;
println(result);
```

我们定义了一个整型变量result，用来接收1除以0的结果，并将该结果打印输出（图13.1.2）。

图13.1.2　程序抛出异常的示例

你会发现程序报错了，程序运行中止了，根据图13.1.1来对比，可以知道是个算术异

13.2 捕获异常

虽然我们可以主动让程序抛出异常，但是它始终不是什么好事情，因为它阻止了程序的正常运行。当我们无法解决这个异常的时候，想让程序继续正常地运行下去，该怎么办呢？那就是将这个可能会抛出的异常已经捕获，关键字try…catch…的联用可以捕获到异常并加以解决，它的语法形式是这样的：

```
try{

//可能会抛出异常的代码

}catch(异常类型 异常对象){

//捕获异常并解决

}
```

我们虽然已经知道以下代码一定会出现异常，但是我们还是假装不知道，只是觉得可能会有问题：

```
TestException e;

void setup() {
  e = new TestException();
  e.makeException();
}

void draw() {
}
```

现在给我们充满怀疑的代码段加上try…catch…结构，为了方便地观察结果，在draw()函数中加上一个图形，看异常是否被捕获，程序是否会不中断且继续正常执行（图13.2.1）。

```
void setup() {
  e = new TestException();
  try {
    e.makeException();
  }
  catch(Exception e) {
    println(e);
    println("捕获到异常并解决,程序依旧可以运行！ ");
```

```
  }
}

void draw() {
  background(0);
  fill(255);
  ellipse(width/2,height/2,50,50);
}
```

图13.2.1 异常被程序捕获处理的示例

　　catch关键字在这里传入的捕获异常的类型为Exception类的对象,而产生的异常并不是直接继承这个类的,而是继承自RuntimeException类,这里就是运用到之前讲解的多态内容。如果你觉得程序会产生很多个不同种类的异常,又非常想把它们一一捕捉,区别对待,那么你可以使用多个catch关键字引导的代码块。

try{

//可能会抛出异常的代码

}catch(异常类型1 异常对象){

//捕获异常并解决

}catch(异常类型2 异常对象){

//捕获异常并解决

}

...

也可以将多个catch语句合并:

try{

//可能会抛出异常的代码

```
}catch(异常类型1 | 异常类型2…异常对象){
//捕获异常并解决
}
```

之前讲过了在抛出异常时如何保证程序的正常运行，在Processing中，还有一种更加高效的解决办法，那就是finally关键字。

finally关键字引导的代码块是放在catch代码块之后的。它的功能是不管在try…catch…中是否有异常的发生，finally中的代码都会被执行。我们将以上代码进行修改后，运行并观察结果（图13.2.2）。

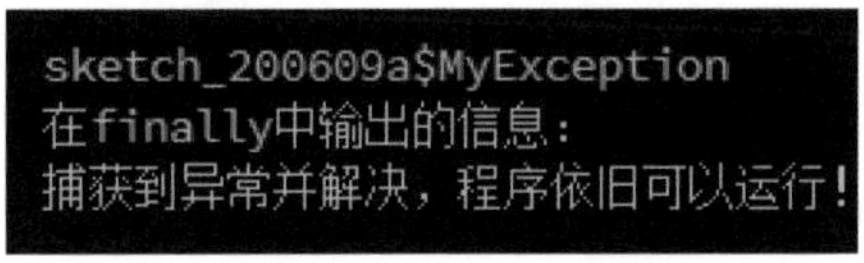

```
sketch_200609a$MyException
在finally中输出的信息：
捕获到异常并解决，程序依旧可以运行！
```

图13.2.2　finally中运行的结果

修改后的代码如下：

```
void setup() {
  e = new TestException();
  try {
    e.makeException();
  }
  catch(Exception e) {
    println(e);
  }
  finally {
    println(" 在finally中输出的信息：");
    println(" 捕获到异常并解决，程序依旧可以运行！ ");
  }
}
```

我们只有知道如何制造异常，才能知道如何去解决异常，大家可以多多尝试制造不同的异常，进行异常的捕获并解决。如果你对Processing的异常机制有浓厚的兴趣，请参考：https://www.processing.org/reference/try.html。

第14章 Processing与Arduino的互动

Arduino是目前市场上最知名的开源硬件之一，它被越来越多地纳入到教育体系中，更多成熟的社区也逐步形成。它们可以轻松、快速地构建交互装置的原型，它常被称为电子积木，因为我们根本不需要深刻地理解它的底层或者更加深入的技术细节，只需要简单的电路知识和编程就能够使得模块开始工作。本章并不会深入地讲解有关Arduino的电路、协议、驱动等内容，而是将侧重点放在Processing与Arduino如何互动上。

14.1 **Arduino简介**

Arduino构建于开放原始码simpleI/O界面版，它的底层是由C/C++构建的，开发环境与Java、C语言的Processing/Wiring极为相似。当使用Arduino的时候，需要两个东西：第一个是Arduino的开源电路板，Arduino是一个庞大的家族，有着各式各样不同型号的电路板，在本章的学习过程中我们使用的是Arduino UNO版本。第二个是Arduino的开发环境（IDE），它是用来设计代码并编译上传给Arduino UNO标准版，开发环境可以访问Arduino的官方网站（https://www.arduino.cc/en/Main/Software）进行相应版本的下载。

我们一起来看看Arduino UNO版（图14.1.1）与Arduino的开发环境（图14.1.2）。

图14.1.1　Arduino Uno

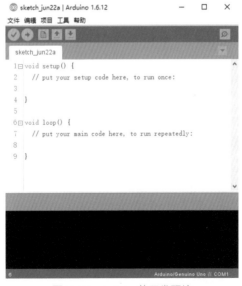

图14.1.2　Arduino的开发环境

图14.1.1中Arduino Uno画红色线框的部分是模拟引脚（A0号～A5号），通常情况下是用来读取外部模块数据的，是通过ADC（模数转换）的，每个模数转换器精度为10比特，取值范围到1024，模拟输入引脚电压变化为0～5V。画黄色线框的部分是数字引脚（0号～13号），引脚电压只有0V（低电平）和5V（高电平）两个状态，引脚数字前有"～"符号的引脚意为可以支持PWM的引脚。画蓝色色线框的部分是电源接口，上方为与电脑连接的接口，下方为直流电电源接口。

Arduino的IDE看上去与Processing十分的相似，所以实际应用起来，用户的操作习惯与Processing也非常相同，setup()函数与loop()函数的功能与Processing中的setup()函数与draw()函数功能相同。

这里为大家介绍两个用得极其频繁的按钮（图14.1.3）。

图14.1.3　Arduino的"验证"与"上传"按钮

图14.1.3中左边的"√"图标为"验证"按钮，当代码设计完成后，通过此按钮来校验代码有无错误。图14.1.3中右边的"→"图标为"上传"按钮，当代码验证无误后，通过此按钮，编译器将代码转译为二进制代码通过串口传递给主板的FLASH程序储存区（328P芯片），也可以理解为内存。

关于Arduino，就先介绍到这里，已经能够满足我们初步的使用需求。如果你对Arduino充满浓厚的兴趣，可以浏览官方网站：https://www.arduino.cc/。

14.2 串口通信

最常见的串行通信协议是RS.232串行协议，Arduino上采用的是TTL串行协议，两者电平不同，需要经过电平转换才可以相互通信。在购买Arduino的时候，国内的商家通常会赠送一根USB转TTL的数据线。那么串口到底是什么呢？串口通信（Serial Communications）的概念非常简单，串口按位（bit）发送和接收字节。由于串口通信是异步的，端口能够在一根线上发送数据同时在另一根线上接收数据。**串口通信最重要的参数是波特率、数据位、停止位和奇偶校验。对于两个进行通信的端口，这些参数必须匹配。**[1]这种解释对于初学者来说未免太复杂了，我们可以更简单地来理解串口通信。

---

1. 概念来源：https://baike.baidu.com/item/%E4%B8%B2%E5%8F%A3%E9%80%9A%E4%BF%A1/3775296。

假设你与我之间需要通话（通信），我们之间连着一根数据线，在通话之前我们约定好了，通话过程双方都用中文，当我说"开始"指令的时候，通话开始，我每五秒钟发送一个字，你每五秒钟接收一个字。我一个字一个字地将我的信息通过数据线发送过去，你也是一个字一个字将我的信息接收，当我说"结束"指令的时候，通话结束。

在这个通话过程中，我们约定了数据传输的速率以及字符编码的一致性。速率指单位时间内传输的信息量，通常使用波特率或比特率表示；字符编码通常使用标准ASCII码。

串口也被称为异步收发（UART），由于Arduino上的引脚数量有限，所以对外部设备进行通信的时候通常采取串口通信，当然也有其他通信协议，例如IIC通信协议、SPI通信协议等，这需要特定接线方式和固定引脚的配合。在Arduino Uno上的数字引脚部分，0号引脚（RX）和1号引脚（TX）分别承担了串口通信中数据的接收与发送。

在进行串口通信之前，我们需要先了解一下几个基础的函数：

- pinMode(pin,MODE);
- digitalRead(pin);
- digitalWrite(pin,VALUE);
- analogRead(pin);
- analogWrite(pin,VALUE);

pinMode()函数用来设置引脚的状态，例如pinMode(13,OUTPUT)，它的意思是将13号引脚设置为输出状态，在该状态设置上常用为INPUT和OUTPUT。

digitalRead()函数是用来从数字引脚读取数值用的，前提是该引脚被设置为INPUT模式，例如digitalRead(13)，它的意思是读取13号引脚的状态。

digitalWrite()函数是用来改变引脚状态的，前提是该引脚被设置为OUTPUT模式，例如digitalRead(13，HIGH)，它的意思是向13号引脚写入高电平，反之LOW为低电平。

analogRead()函数是用来从模拟引脚读取数值用的，前提是该引脚被设置为INPUT模式，例如analogRead(A0)，它的意思是读取A0号引脚的数值，模拟引脚的数值范围为0～1024。

analogWrite()函数是用来从PWM引脚输出模拟数值的，前提是该引脚被设置为OUTPUT模式，例如analogWrite(9,1024)，它的意思是将模拟值1024输送给9号引脚，模拟引脚的数值范围为0～1024。

14.3 Processing和Arduino的串口通信方法

我们先将Arduino通过数据线连接到电脑，打开Arduino的IDE，在"工具"菜单栏中选择"开发板",并选中自己的开发板类型,因为使用的是Uno版本,所以我们这里选择了"Arduino/Genuino Uno"(图14.3.1)。再次打开"工具"菜单栏,选择端口,就能看见自己的Arduino开发板,单击选中即可(图14.3.2)。

图14.3.1　选择开发板类型

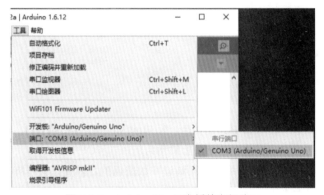

图14.3.2　Arduino Uno开发板的串行端口

Arduino为我们准备了非常丰富的串口通信方法,可以帮我们略过复杂的底层逻辑,方便快捷地实现我们的需求。

在Arduino中,实现串口通信的方法有:

```
Serial.begin();                        //开启串行通信并设置波特率
Serial.end();                          //关闭通信串口
Serial.available();                    //判断串口是否有数据
Serial.read();                         //读取串口数据
Serial.peek();              //返回下一字节(字符)输入数据,但不删除它
Serial.flush();                        //清空串口缓存
Serial.print();                        //写入字符串数据到串口
Serial.println();                      //写入字符串数据+换行到串口
Serial.write();                        //写入二进制数据到串口
Serial.SerialEvent();                  //read时触发的事件函数
Serial.readBytes(buffer,length);       //读取固定长度的二进制流
Serial.println(incomingByte,DEC);      //打印收到的数据(十进制)
```

在Processing中，需要使用Serial库，该库实现串口通信的方法有：

```
available()              // 判断串口是否有数据
read()                   // 读取串口数据，返回0 ~ 255的值
readChar()               // 读取串口下一个数据，并将此数据以字符形式返回
readBytes()              // 读取串口缓存中所有数据，以byte形式存放
readBytesUntil()         // 读取串口缓存中所有数据，以byte数组形式存放
readString()             // 读取串口一个字符串
readStringUntil()        // 读取串口一个字符串，直到某个符号停止
buffer()                 // 在使用serialEvent()事件函数之前设置串口缓存的数据大小
bufferUntil()            // 属性同buffer()，设定特殊字符来停止数据缓存
last()                   // 返回串口最后读取的数据，返回值类型为int
lastChar()                         // 其他属性同上，将int转为char
write()                            // 发送任何数据给串口
clear()                            // 删除缓存中所有数据
stop()                             // 停止串口通信
list()                             // 读取串口设备列表
serialEvent(Serial whichPort)      // 事件函数
```

14.4 Processing向Arduino发送数据

本节我们将实现Processing向Arduino发送数据。利用14.3节介绍的用于串口通信的各种方法来完成，在Processing中想要使用串口通信，需要导入Serial库[1]（图14.4.1）。

图14.4.1　在Processing中选择Serial库

---

1. 这些库也是别人写好的类，并封装成包，供他人使用；Serial库无须另下载安装，直接导入即可。

打开"速写本"菜单栏，找到"引用库文件"，在出现的菜单中选择"Serial"，就能导入Serial串口通信库，此时在Processing中自动为我们添加了一行代码（图14.4.2），你可以手动添加这一行代码。

图14.4.2　在Processing中导入Serial库

此时Serial库被导入。我们需要创建Serial类的对象用于实际的串口通信当中。

现在来实现由Processing按键控制来发送数据，通过串口将数据发送给Arduino，并点亮开发板上的LED灯。如果有LED灯的配件，可以通过面包板和跳线，将它们连接在其他引脚上（图14.4.3）。

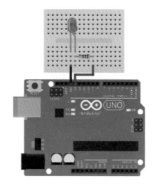

图14.4.3　LED灯电路连接示意图[1]

按照图14.4.3搭建好电路之后，就可以开始设计Processing中的代码，它的功能是用来发送数据。

```
Serial myPort;                    //串口对象myPort
final char HEAD = 'H';
final char END = 'E';
byte message  = 0;
String open, close;
```

定义一个串口对象myPort，定义两个字符型变量HEAD与END，用来作为数据的头部信息和尾部信息。

初始化myPort对象，填入要与之通信的串行端口和通信频率[2]。

```
myPort = new Serial(this,Serial.list()[0],9600);
```

1.　该图采用软件fritizing制作。

2.　这里的通信频率为波特率，常用波特率为300, 1200, 2400, 4800, 9600, 14400,19200, 28800, 38400, 57600, 115200（Bps）。

myPort对象创建完成之后，通过调用其write()方法来连接在串口上的设备发送数据，本机上的Arduino Uno连接在COM3上，有且只有这一个串口设备，你可以在设备管理器中的端口找到相关设备的连接信息（图14.4.4）。

图14.4.4　查看串口设备连接

```
myPort.write(HEAD);
myPort.write(message);
myPort.write(END);
```

　　首先发送头部信息，然后数据发送，最后发送尾部信息，这三部分组成一个完整的信息，头部与尾部信息作为校验用，何时是数据的开始，到了何时数据全部传输完毕。

　　Processing部分的完整代码如下：

```
import processing.serial.*;

Serial myPort;
final char HEAD = 'H';
final char END = 'E';
byte message  = 0;
String open, close;

void setup() {
  size(250,150);
  open = "串口通信开启! ";
  close = "串口通信关闭! ";
  println("Arduino连接在 :" + Serial.list()[0]);
  myPort = new Serial(this,Serial.list()[0], 9600);
}

void draw() {
  background(0);
  text("信息起始位 : " + HEAD,10,10);
  text("信息停止位 : " + END,10,25);
  if (keyPressed) {
    if (key == 's') {
      text(open, 10, 50);
      text("传输起始位 : " + HEAD,10,71);
      myPort.write(HEAD);
      myPort.write(message);
      text("数据正在传输，传输中的数据为 : " + message, 10, 91);
```

```
        myPort.write(END);
        text("传输停止位："+END,10,111);
        message++;
      } else {
        text(close,10,50);
      }
    }
    delay(100);
}
```

继续设计Arduino中的代码。

```
byte data;
char message;
```

在Arduino中定义两个变量分别用来接收数据和头尾部信息。

```
Serial.begin(9600);
```

在Arduino中并不需要导入任何的库，直接通过Serial类进行方法的调用即可，这里通过begin()方法来开启通信，填入通信频率，这里接收端的通信频率应与发送端的通信频率保持一致。

将第13号数字引脚模式设置为输出。

```
pinMode(13,OUTPUT);
```

通过以下语句来判断串口缓冲区是否存有数据。

```
Serial.available() > 0
```

通过read()方法从串口读取数据。

```
message = Serial.read();
```

Arduino部分的完整代码如下：

```
byte data;
char message;

void setup() {
  Serial.begin(9600);
  pinMode(13,OUTPUT);
}

void loop() {
  if (Serial.available() > 0) {
```

```
    message = Serial.read();
    if (message == 'H') {
      Serial.print("接收到起始位信息：");
      Serial.println(message);

      data = Serial.read();

      digitalWrite(13,HIGH);
      delay(data);
      digitalWrite(13,LOW);

      Serial.print("接收的数据为：");
      Serial.println(data);

    } else if (message == 'E') {
      Serial.print("接收到停止位信息：");
      Serial.println(message);
      Serial.println("信息接收完毕！ ");
    }
  }
}
```

将Arduino中的代码校验后上传至Arduino Uno开发板。单击运行Processing，按住S键，即可发送数据至Arduino Uno开发板，观察LED灯被点亮持续的时间。随着数据的变大，LED灯被点亮持续的时间时间越久。

14.5 Arduino向Processing发送数据

在14.4节中我们通过Processing作为上位机发送数据给下位机Arduino Uno开发板。这一节我们将从Arduino发送数据，而Processing用来接收数据。

先对要发送的数据进行声明和定义，与之前一样，HEAD和END代表着信息的头部与尾部，byte类型的变量data为要传递的数据主体。

```
byte data;
#define HEAD 'H'
#define END 'E'
```

依次发送这些信息给Processing。

```
  Serial.write(HEAD);
```

```
  Serial.write(data);
  Serial.write(END);
```

Arduino部分的完整代码如下：

```
byte data;
#define HEAD 'H'
#define END 'E'

void setup() {
  Serial.begin(9600);
  data = 0;
}

void loop() {
  Serial.write(HEAD);
  Serial.write(data);
  Serial.write(END);
  data++;
  delay(500);
}
```

将Arduino中的代码校验后上传至Arduino Uno开发板。

现在开始设计在Processing中的代码。

```
char HEAD;
byte [] message;
```

字符类型变量HEAD用来接收头部信息，字符数组类型变量message用来储存从Arduino传递过来的数据。

```
message = myPort.readBytesUntil('E');
textAlign(CENTER);
text("Arduino发送的数据为："+message[i],width/2,height/2);
```

通过redBytesUntil()方法来读取完整的串口数据，当读到字符"E"的时候，数据存入数组中。

Processing部分的完整代码如下：

```
import processing.serial.*;

Serial myPort;
char HEAD;
byte [] message;
```

```
void setup() {
  size(200,100);
  println("Arduino连接在:" + Serial.list()[0]);
  myPort = new Serial(this, Serial.list()[0], 9600);
  message = new byte[10];
}

void draw() {
  background(0);
  try {
    if (myPort.available() > 0) {
      HEAD = (char)myPort.read();
      if (HEAD == 'H') {
        message = myPort.readBytesUntil('E');
        for (int i = 0; i < message.length-1; i++) {
          if (message[message.length-1] == 'E') {
            println("从Arduino接收的数据为:" + message[i]);
            println("数据接收完整!");
            textAlign(CENTER);

            text("Arduino发送的数据为:"+
            message[i],width/2,height/2);
          }
        }
      }
      delay(500);
    }
  }
  catch(Exception e) {
    println("读取速度不稳定!");
  }
}
```

注意在Processing中加入了delay()函数与Arduino中的delay()函数中设置的时长一样，保障Arduino发送的时候，Processing正好在接收，同时加入了try…catch…语句，用于防止意外出现导致程序出错，运行并观察结果（图14.5.1）。

图14.5.1　Arduino发送数据给Processing

14.6 Processing与Arduino互动实例

本小节将为大家对Processing与Arduino互动进行示例。本节目标是用超声波传感器模块返回的数值作为参数来控制画布中图形的大小。并通过摇杆模块控制舵机带动超声波传感器模块采集不同方向的数据，将数据进行简单的可视化，这个示例并不难，下面一步步地来实现。

最终的效果如图14.6.1所示。

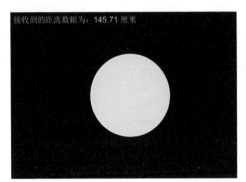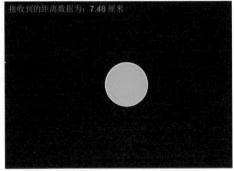

图14.6.1　简单数据可视化

首先需要准备好Arduino Uno开发板、摇杆模块、超声波传感器模块、舵机模块以及跳线若干，依照图14.6.2搭建好电路。

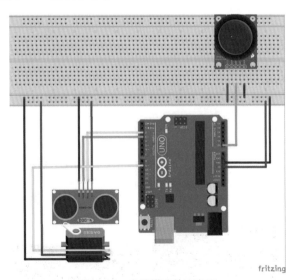

图14.6.2　电路搭建的示意图

再搭建好电路之后，我们首先设计Arduino中的代码。

摇杆控制部分的代码，我们只需要一个维度，所以数据引脚没有全部进行连接，只是需要读取x轴向的数据，通过getDirection()自定义函数用来读取摇杆的数值并将其返回。

```
const int LR = A0;
float control_value;

float getDirection() {
  float value = analogRead(LR);
  return value;
}
```

摇杆部分的代码非常简单，从模拟引脚读取数据即可。

接下来我们设计舵机部分的代码，因为我们需要将摇杆的数据对舵机的旋转角度进行控制。

```
#include <Servo.h>
Servo myservo;
myservo.attach(9);
myservo.write(0);
control_value = getDirection();
myservo.write(control_value);
```

舵机旋转的角度是通过getDirection()函数返回的值所决定的，Servo库中的attach()方法用来设定舵机的数据引脚，write()方法是用来设置舵机角度的。

最后我们来设计超声波传感器的代码，超声波传感器是通过发射声波与接收声波之间的时间差来计算距离的，当trig引脚发射大于15us的脉冲宽度时候，echo引脚用来检测回声，当检测到返回来的声波时候，echo引脚状态变为高电平。用pulseIn()函数来检测echo引脚变成高电平的宽度，再除以58，即可得到声波探测距离。

```
const int trig = 2;
const int echo = 3;
float distance;
pinMode(trig, OUTPUT);
pinMode(echo, INPUT);

digitalWrite(trig, LOW);
delayMicroseconds(2);
digitalWrite(trig, HIGH);
delayMicroseconds(15);
digitalWrite(trig, LOW);
distance = pulseIn(echo, HIGH) / 58.0;
Serial.println(distance);
```

Arduino完整代码如下：

```
#include <Servo.h>
const int trig = 2;
const int echo = 3;

const int LR = A0;
float distance;
float control_value;
Servo myservo;

void setup() {
  Serial.begin(9600);
  pinMode(trig, OUTPUT);
  pinMode(echo, INPUT);
  myservo.attach(9);
  myservo.write(0);
}

void loop() {
  digitalWrite(trig, LOW);
  delayMicroseconds(2);
  digitalWrite(trig, HIGH);
  delayMicroseconds(15);
  digitalWrite(trig, LOW);
  distance = pulseIn(echo, HIGH) / 58.0;
  Serial.println(distance);

  control_value = getDirection();
  myservo.write(control_value);

  if (control_value >= 180) {
    control_value = 180;
  }
  if (control_value <= 0) {
    control_value = 0;
  }
  delay(5);
}

float getDirection() {
  float value = analogRead(LR);
  return value;
}
```

完成在Arduino中的代码设计后，再来设计Processing中的代码，先定义一个函数用来绘制图形，形式参数info就是接收将从Arduino开发板传送过来的数据，并将数据范围限制和映射，作用于颜色和圆形的大小。

```
void getEffect(float info) {
  stroke(255);
  strokeWeight(2);
  info = constrain(info,0,300);
  info = map(info,0,300,100,300);
  fill(info,info*2,info*3);
  ellipse(width/2, height/2, info, info);
}
```

自定义showInfo()函数，其作用是把Arduino传递过来的数据标记于画布左上角。

```
void showInfo(String info, float x, float y) {
  try {
    info = info.trim();
    PFont font = createFont("myFont.vlw", 20);
    textFont(font);
    textSize(20);
    text("接收到的距离数据为：" + info + " 厘米", x, y);
  }
  catch(Exception e) {
    println("数据传输有误！");
  }
}
```

通过readStringUntil()方法来读取串口数据。

```
String recv_data = myPort.readStringUntil(10);
```

完整代码如下：

```
import processing.serial.*;

Serial myPort;
int ln;

void setup() {
  size(600, 400);
  ln = 10;                                    //10代表回车
  myPort = new Serial(this, Serial.list()[0], 9600);
}
```

```
void draw() {
  background(0);
  if (myPort.available() > 0) {
     String recv_data = myPort.readStringUntil(10);
    if (recv_data != null) {
      float data = float(recv_data);
      showInfo(recv_data, 10, 25);
      println("距离为：" + recv_data);
      getEffect(data);
    }
    delay(5);
  }
}


void showInfo(String info, float x, float y) {
  try {
  info = info.trim();
  PFont font = createFont("myFont.vlw", 20);
  textFont(font);
  textSize(20);
  text("接收到的距离数据为：" + info + " 厘米", x, y);
  }
catch(Exception e) {
  println("数据传输有误！");
  }
}


void getEffect(float info) {
stroke(255);
strokeWeight(2);
info = constrain(info,0,300);
info = map(info,0,300,100,300);
fill(info,info*2,info*3);
ellipse(width/2,height/2,info,info);
  }
```

　　这些代码看上去好像挺多，但是实现的思想并不难，逻辑也很简单，无非就是使用了Arduino上搭载的超声波探测器传送过来的数据改变了Processing画布中圆形的颜色和大小。

后记

　　在中国地质大学（武汉）艺术与传媒学院，设计学专业各个方向的全日制本科生都会系统地学习Processing，他们更多面对的是如何学习代码，如何将代码变成可互动的效果，如何将艺术与技术完美地结合。在学习伊始，他们会习惯性地认为学习艺术的学生并不需要懂得编程，但是他们又不得不学习复杂的代码来完成自己的结课作品或毕业设计。其实艺术与技术两者之间并不矛盾，技术是艺术的承载，是艺术的实现方式，而艺术依旧是灵魂，不会被技术替代。

　　要想取得艺术与技术的完美融合，并不是那么容易的，它需要极其优秀的复合型人才作为发展的支撑。自从20世纪90年代开始，设计学相关的专业，宽泛点说，甚至艺术相关的专业都逐渐呈现出技术的印迹，创意编程、硬件交互、虚拟仿真、物联网、人工智能等热门的关键词开始让更多的人熟知，它们的出现其实已经展露了未来设计学发展的端倪，也对专业发展、人才培养、产业形成提出了更多、更新、更高的门槛、要求和挑战，也引发了许多专业性、科学性、艺术性的辩题，值得人们重视与思考。

　　本书面向的是零基础的创意编程爱好者、设计学及相关专业的学生、艺术家、建筑师、研究员以及想从事交互设计领域学习者。

　　作者水平有限，书中难免会有一些错误和没有讲到或没有说清的问题，希望各位读者多多批评指正，也希望能与各位学习Processing的人们一道，通过不懈的努力，一起打造技术的高地、艺术的殿堂，不断挑战自我，超越自我！

　　感谢在完成本书过程中帮助过我的所有人，感谢清华大学美术学院信息艺术设计系主任徐迎庆教授、中国传媒大学艺术学部环境设计系副教授曹凯中、上海OF COURSE创始人程鹏在百忙之中为本书写的序，最后感谢您的阅读。

杜　炜

UnVision虚拟仿真实验室 负责人

中国地质大学（武汉）艺术与传媒学院